EINFÜHRUNG

IN DAS

MASCHINENZEICHNEN

VON

DIPL.-ING. C. MICHENFELDER

MIT 133 FIGUREN IM TEXT

SPRINGER-VERLAG BERLIN HEIDELBERG GMBH
1920

© Springer-Verlag Berlin Heidelberg 1920
Ursprünglich erschienen bei Otto Spamer, Leipzig 1920

ISBN 978-3-662-33628-1   ISBN 978-3-662-34026-4 (eBook)
DOI 10.1007/978-3-662-34026-4

Vorwort.

Der Zweck dieses Buches ist, die bei der Anfertigung neuzeitlicher Maschinenzeichnungen zu beachtenden Regeln und Rücksichten dem Anfänger kurz und leichtverständlich vorzuführen. Unter der „Anfertigung" ist hierbei lediglich die rein zeichnerische Darstellung zu verstehen, im Gegensatz zu der konstruktiven Durchbildung, deren Behandlung außerhalb des Rahmens dieser Betrachtungen liegt. Deshalb sind auch Auslassungen über falsche oder unzweckmäßige Formgebungen, die beispielsweise die Herstellung und Bearbeitung in der Werkstatt nicht genügend berücksichtigen und die dadurch wohl den Konstrukteur, aber nicht den Maschinenzeichner als solchen angehen, fortgelassen.

Die Kürze der Ausführungen, die eine weitere Beschränkung auf das Wesentliche und das am häufigsten Vorkommende bedingt, erscheint durch den Umstand gerechtfertigt, daß die Hast der heutigen Zeit gerade dem Anfänger für weitgehende Darlegungen nur selten Interesse und Muße übrigläßt. Die angestrebte Leichtverständlichkeit und Einfachheit der textlichen und der bildlichen Darstellung andererseits soll möglichst allen, die sich maschinenzeichnerisch zu betätigen haben werden, ein Studium des Buches auch mit vollem Verständnis und Nutzen ermöglichen. Gerade diese Rücksicht dürfte heutzutage besonders am Platze sein, wo neben angehenden Technikern auch berufwechselnde Kriegsbeschädigte und sogar erwerbsuchende Frauen und Mädchen der technischen Bureautätigkeit des Maschinenzeichnens sich zuwenden, ohne jedoch hierin und in den Hilfswissenschaften eine schulmäßige Durchbildung erfahren zu können. Das ist auch der Grund gewesen für die Aufnahme einiger einleitender Angaben über Zeichenhilfsmittel und über zeichnerische Ermittlungen aus dem Gebiete der darstellenden Geometrie bzw. des geometrischen Zeichnens, Lehrfächern, deren Kenntnis beim Unterricht des Maschinenzeichnens eigentlich vorausgesetzt werden müßte.

Inhaltsverzeichnis.

Einleitung.

Das Maschinenzeichnen.

Einleitung.

Die Bestimmung dieses Buches, auch technisch und zeichnerisch in keiner Weise Vorgebildete in das Maschinenzeichnen einzuführen, macht zunächst einige einleitende Angaben über Zeichenhilfsmittel und ihren Gebrauch erforderlich. Die Berücksichtigung nur des Wesentlichsten dürfte dabei genügen, weil die Feinheiten und Kunstgriffe in der Anwendung der Hilfsmittel doch nur durch die zeichnerische Praxis erlernt werden können.

Die unentbehrlichen Hilfsmittel für das Maschinenzeichnen sind: Reißbrett nebst Zubehör (Reißschiene, Zeichendreiecke oder -winkel, Kurvenlineal) und Reißzeug, sowie als Verbrauchsutensilien: Zeichenpapier, Bleistift, Tusche und Radiergummi.

Das Reißbrett — das nebst der Reißschiene dem Zeichner auf den technischen Bureaus in der Regel zur Verfügung gestellt wird — ist bei eigener Anschaffung zweckmäßig in der Größe von rd. 1 m $\times$ $^3/_4$ m zu wählen, damit auf ihm auch die Zeichenblätter des meist üblichen Größtformates (1000 mm $\times$ 700 mm außen) aufgespannt werden können, während das nächstfolgende Format (700 mm $\times$ 500 mm) sich als Doppelbogen ohne Papierabfall unterbringen läßt. An Zeichenwinkeln ist erforderlich: ein „45-Grad-Dreieck" und ein „30-Grad-Dreieck" (Fig. 1), mit denen sich unmittelbar Winkel von 30°, 45°, 60° und 90°, mittelbar, durch entsprechendes Zusammensetzen, Winkel von 75°, 105°, 120°, 135° und 150° zeichnen lassen, und weiter als deren Ergänzungswinkel (zu 90° und 180°) noch die Winkel von 15° und 165°.

Der Zeichenbogen — aus halbstarkem, weißen oder auch gelblichen Zeichenpapier — ist zweckmäßig an allen vier Seiten mit einem Schutzrand (von etwa 30 mm Breite) zu versehen, um den die nutzbare Zeichenfläche natürlich verkleinert wird; vgl. Fig. 1. Dieser Rand dient einesteils zum Befestigen des Bogens mittels der Reißnägel, das mit Rücksicht auf gutes Anlegen und leichtes Verschieben der Reißschiene zweckdienlich nur am oberen und am unteren Rand erfolgt (Fig. 1), anderenteils zum bequemen Anstellen von

Strichproben u. a. m. Das früher so beliebte „Aufziehen" des Zeichenbogens durch Anfeuchten und Verwendung von Klebstoff kommt
als recht umständliche Arbeit heute für das Maschinenzeichnen im
allgemeinen nicht mehr in Betracht.

Für den Gebrauch der Reißschiene sei gesagt, daß deren Kopf
grundsätzlich nur längs der linken Seite des Reißbrettes zu verschieben ist, die Schiene also unmittelbar nur zum Aufzeichnen wag-

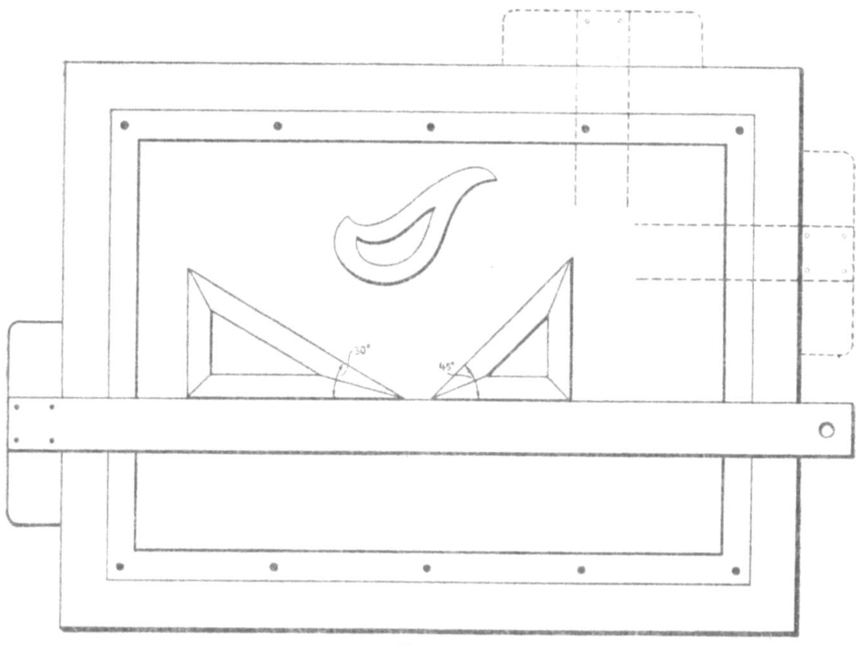

Fig. 1.

rechter Striche dient. Alle anders verlaufenden Geraden sind mit
Hilfe der Zeichendreiecke herzustellen; vor allem also auch die Senkrechten, für deren Aufzeichnung das Dreieck an die, wie vorbeschrieben,
wagrecht gehaltene Reißschiene angelegt wird (Fig. 1). Bei anderer
Handhabung dieser Zeichenmittel — wie z. B. in der Figur
gestrichelt — ergeben sich wegen der nicht streng winkelrechten Beschaffenheit der Reißbretter bzw. infolge deren „Sichverziehens"
störende Ungenauigkeiten. Besonderer Wert ist für die Sauberhaltung der Zeichnung darauf zu legen, sowohl Winkel wie Schiene
vor jedesmaligem Gebrauch mit einem reinen Lappen abzureiben.

Auch soll man sich zu dem gleichen Zweck grundsätzlich angewöhnen, das Zeichenpapier nicht mit der Handfläche zu berühren, da diese stets mehr oder weniger schweißhaltig ist. Die beim Radieren entstehenden „Fusseln" sind durch loses Wegschlagen mit einem sauberen Tuche zu entfernen. Ein Fortwischen mit der Hand gibt aus genanntem Grunde leicht Flecken; schwaches Fortblasen ist meist wirkungslos, starkes erzeugt leicht einen Sprühregen.

Das Reißzeug braucht sich durchaus nicht durch Vielteiligkeit auszuzeichnen, sondern soll vor allen Dingen von zweckmäßiger Konstruktion und soll stets sauber gehalten sein; die Einsatzspitzen, die sich u. U. leicht verbiegen, sollen auswechselbar sein; nach jedem Gebrauch sind namentlich die Ziehfedern von der anhaftenden Tusche zu reinigen. Anderenfalls ist ein genaues sauberes Arbeiten aus offensichtlichen Gründen auf die Dauer nicht möglich.

Beim Gebrauch des Reißzeuges ist vor allem darauf zu achten, daß die Ziehfeder von Zirkel oder Reißfeder — deren Füllung, falls nicht eine besondere Vorrichtung dazu am Stöpsel der Tuschflasche vorhanden ist, zweckmäßig durch ein zugeschnittenes Papierstreifchen erfolgt — stets senkrecht zur Zeichenfläche steht, da nur so ein leichtes Ausfließen der Tusche und eine gleichmäßige Strichstärke gewährleistet ist. Auch die Zirkelspitze muß für ein genaues Arbeiten und zur Vermeidung großer Löcher im Zeichenpapier möglichst senkrecht zu diesem gestellt sein. Da selbst dann aber an stark beanspruchten Einsatzstellen — namentlich beim Ziehen vieler konzentrischer Kreise — eine Beschädigung des Bogens und demzufolge ungenaues Zeichnen leicht eintritt, so empfiehlt sich dafür der Gebrauch einer sog. Zentrierzwecke. Ist eine solche in dem Reißzeug nicht schon vorhanden, so kann man sie sich aus einer gewöhnlichen Reißzwecke dadurch selbst herstellen, daß man genau in deren Mitte eine kleine Körnerspitze einbohrt, in die man nun die Zirkelspitze beliebig lange mit stets gleich genauer Wirkung ansetzen kann.

An Bleistiften sind wenigstens zwei Stück, von mittlerer Härte, erforderlich; zu harte beschädigen leicht das Papier, zu weiche liefern zu leicht verwischbare Striche. Der eine Bleistift ist für das Ziehen gerader Striche zweckmäßig mit einer meißelförmig gestalteten Schneide zu versehen, die sich naturgemäß weniger schnell abnutzt als die sonst gebräuchliche kegelförmige Spitze. Diese ist, bei dem

anderen Bleistift, für das Zeichnen von Kurven, Beschriftungen u. dgl.
m. am Platze.

Die nämliche Rücksicht auf selbst elementar-technisch Nichtgebildete läßt des weiteren einige Angaben aus dem geometrischen
Zeichnen und der darstellenden Geometrie als notwendig erscheinen, die für maschinenzeichnerische Arbeiten besonders häufig
gebraucht werden. Dabei sind aus den oft vielerlei Darstellungsverfahren jeweils nur die einfachsten herausgegriffen, die am leichtesten durchführbar und für die Zwecke des Maschinenzeichnens im
allgemeinen genügend sind.

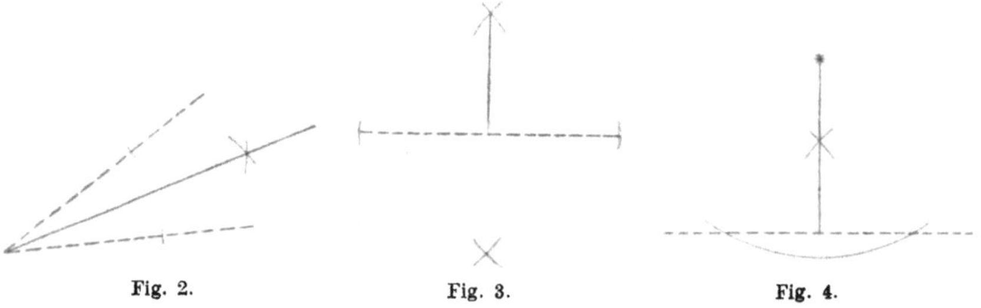

Fig. 2.   Fig. 3.   Fig. 4.

Fig. 2[1]). Aufgabe: Halbieren eines Winkels. Lösung: Durch
Schlagen gleicher Kreisbögen aus von der Spitze gleichweit entfernten Punkten.

Fig. 3. Aufgabe: Errichten einer Senkrechten auf eine Gerade.
Lösung: Mittels Schlagens gleicher Kreisbögen um beiderseits vom
gegebenen Fußpunkt gleichweit entfernte Punkte der Geraden.

Fig. 4. Aufgabe: Fällen eines Lotes von einem Punkte auf
eine Gerade. Lösung: Durch Schlagen gleicher Kreisbögen um vom
gegebenen Punkt gleichweit entfernte Punkte der Geraden.

(Die beiden letztgenannten Aufgaben werden in der Regel allerdings ohne geometrisches Konstruieren, durch bloßes Verschieben
der Zeichenwinkel mit genügender Genauigkeit gelöst.)

Fig. 5. Aufgabe: Einbeschreiben von Berührungskreisen (-bögen)
in einen Winkel. Lösung: Die Kreismittelpunkte liegen auf der

---

[1]) Um das in den Figuren dieses Abschnittes Gezeigte auch ohne weitläufige Texterklärungen verständlich zu machen, ist dabei durchweg folgende Darstellungsweise
innegehalten: Das Gegebene ist gestrichelt gezeichnet; das Gefundene dagegen
ist dick ausgezogen, während die Hilfslinien, die zu der Lösung geführt haben, dünn
ausgezogen sind.

Winkelhalbierenden. — Sind Gerade und Kreis gegeben (Fig. 5*),
so ist für den Berührungskreis der zu halbierende Winkel erst zu
bilden mit Hilfe einer Kreistangente und der gegebenen Geraden.
Die Zentrale vom gegebenen und vom gesuchten Kreis geht dann durch
den angenommenen Tangentenpunkt. (Diese Aufgaben liegen beim
Zeichnen von „Übergängen" an Stelle scharfwinkligen Formverlaufes

Fig. 5. Fig. 5*.

vor. Die Häufigkeit dieser Aufgabe hat auch zur Herstellung im
Handel erhältlicher Schablonen geführt.)

Fig. 6. Aufgabe: Auffinden des Mittelpunktes eines vorhandenen
Kreises oder Kreisbogens. Lösung: Durch Errichten der Mittel-
senkrechten auf zwei Sehnen des Kreisbogens (vgl. Aufg. 3).

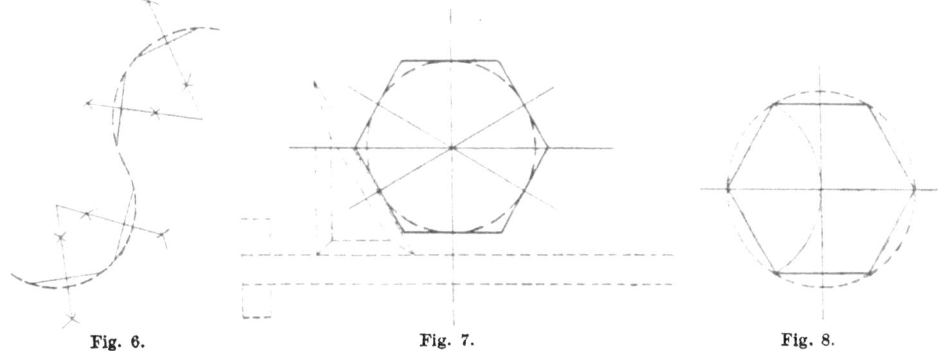

Fig. 6. Fig. 7. Fig. 8.

Fig. 7. Aufgabe: Umzeichnen eines regelmäßigen Sechseckes
um einen Kreis. Lösung: Durch Zeichnen der Kreistangenten mittels
Reißschiene und 60°-Dreieckes, wie abgebildet. (Diese Aufgabe liegt
z. B. bei der Darstellung der Draufsicht einer normalen Schraubenmutter vor, deren aus der Schraubentabelle — siehe S. 38 — zu
entnehmende „Schlüsselweite" der Durchmesser des Kreises ist.)

Fig. 8. Aufgabe: Einzeichnen eines regelmäßigen Sechseckes in
einen Kreis. Lösung: Durch Abtragen des Radius auf der Kreis-

linie. (Anwendung bei der Grundrißdarstellung einer Schraubenmutter, wobei der Durchmesser jenes Kreises gleich dem doppelten Durchmesser des zugehörigen Schraubenbolzens ist; vgl. auch Fig. 72).

Fig. 9. Aufgabe: Zeichnen einer Ellipse. 1. Lösung (angenähert): Nach Fällen einer Senkrechten von dem Eckpunkt des aus den beiden Halbachsen ergänzten Rechteckes auf dessen Diagonale ergeben die Schnittpunkte jener Senkrechten mit den Achsen die Mittelpunkte von Kreisbögen, die den äußeren Krüm-

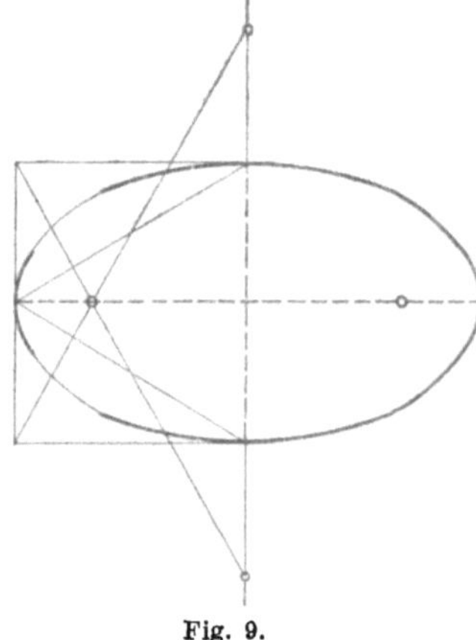

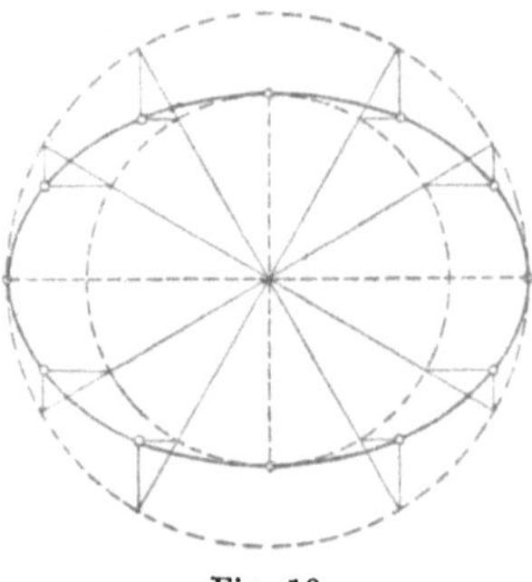

Fig. 9.   Fig. 10.

mungen der Ellipse angenähert entsprechen (linke Hälfte der Figur). Die Vervollständigung der Ellipse zwischen den benachbarten Kreisbögen erfolgt mittels des Kurvenlineals (rechte Hälfte der Figur). — Fig. 10. 2. Lösung (genau): Durch die Schnittpunkte der konzentrischen Kreislinien, die mit den Ellipsenachsen als Durchmesser geschlagen sind, mit durch das Zentrum gelegten Strahlen werden Wagrechte bzw. Senkrechte — d. h. Parallele zu den Ellipsenachsen — gezogen, deren Schnittpunkte Punkte der Ellipse sind. (Dieser Lösungen wird man in den zahlreichen Fällen sich bedienen können, in denen eine elliptische Umgrenzung — z. B. von Flanschen, Deckeln u. a. m. — bei gegebener Breite und Länge derselben zu zeichnen ist.)

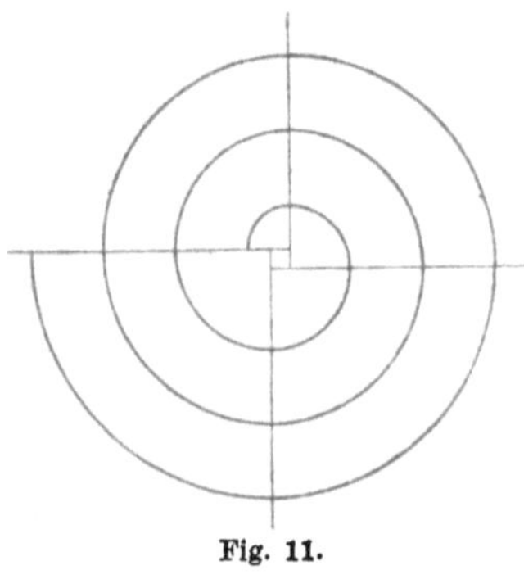

Fig. 11.

Fig. 11. Aufgabe: Zeichnen einer Spirale. 1. Lösung (angenähert): Durch Aneinandersetzen von Viertelkreisbögen, deren Radius um jeweils die gleiche Strecke vergrößert ist. — Fig. 12. 2. Lösung (genau): Durch Abtragen einer gleichförmig zunehmenden Strecke auf den Strahlen eines gleichwinkligen Strahlenbündels von dessen Mitte aus. (Diese Aufgabe liegt beispielsweise für die Grundrißdarstellung einer konischen Schraubenfeder vor.)

Fig. 13. Aufgabe: Zeichnen der Durchschnittfiguren von Körpern und Ebenen. Lösung (allgemein): Man denkt sich die Körperoberfläche aus ihren Elementen — Erzeugenden oder Mantellinien — bestehend (z. B. beim Zylinder aus zur Achse parallelen Geraden, bei

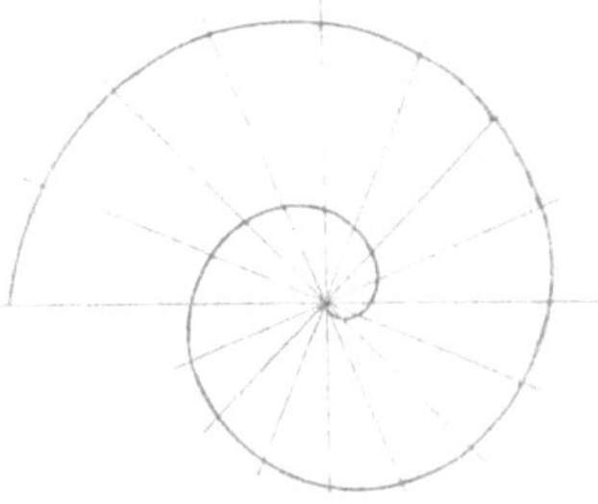

Fig. 12.

der Kugel aus parallelen Kreislinien von stetig zu- bzw. abnehmendem Durchmesser, beim Kegel aus von dessen Grundlinie nach der Spitze laufenden Geraden u. s. w.) und ermittelt die Schnittpunkte der Schnittebene mit diesen Oberflächenelementen. Dann

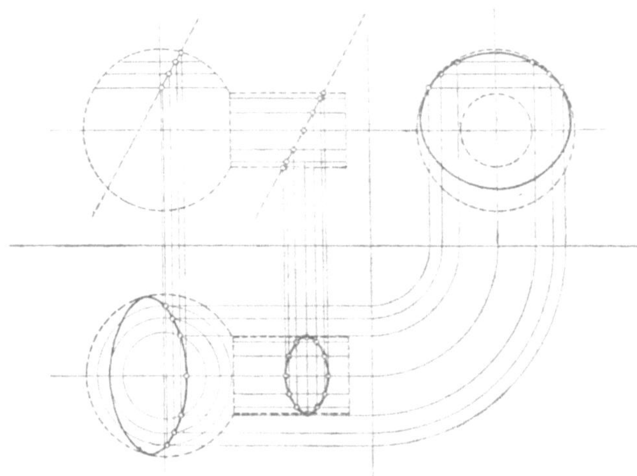

Fig. 13.

ergeben diese Schnittpunkte die Durchschnittsfigur von Körper und Ebene. Lösung (speziell): Man wählt die Lage der Mantellinien so, daß sie sich in den Projektionen möglichst einfach und leicht darstellen lassen (z. B. daß kreisförmige Mantellinien sich wieder als Kreise oder als Gerade projizieren) und bestimmt die Punkte der

Schnittlinie in den einzelnen Figuren (Projektionen) durch entsprechendes Loten.

Fig. 14. Aufgabe: Zeichnen der Durchdringungsfiguren zweier Körper. Lösung (allgemein): Man legt jeweils beide Körper treffende Schnittebenen und ermittelt deren Schnittlinien mit den Oberflächen

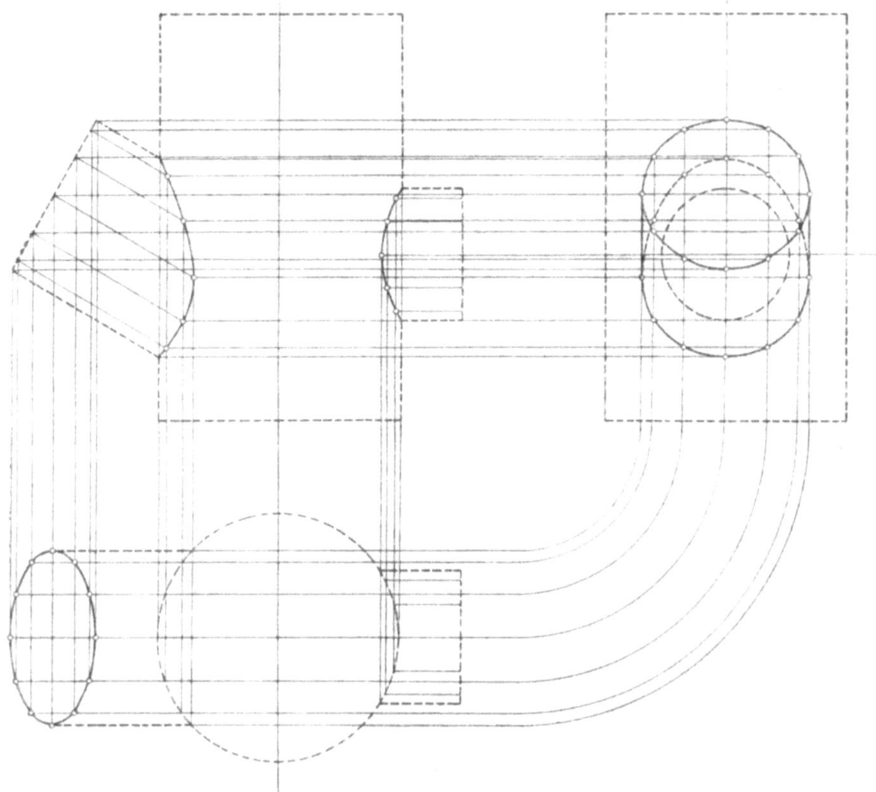

Fig. 14.

der Körper. Dann ergeben die Schnittpunkte dieser Schnittlinien die Durchdringungslinien der Körper. Lösung (speziell): Man wählt die Lage der Schnittebenen so, daß diese die Körperoberflächen in möglichst einfach sich projizierenden Linien schneiden (z. B. beim Kreiszylinder parallel oder senkrecht zur Achse, beim Kegel durch die Spitze usw.) und bestimmt dann die Punkte der Durchdringungsfigur in den einzelnen Ansichten durch entsprechendes Projizieren.

Fig. 15 und 16. Aufgabe: Perspektivische Darstellung von Körpern (schiefe Parallelprojektion), a) eines Würfels, b) eines geraden Kreiszylinders. Lösung: Die zur Aufrißebene parallelen Abmessungen, d. h. alle in senkrechten Ebenen gelegenen Kanten und Linien erscheinen dabei in wahrer Größe, die zur Aufrißebene senkrechten Abmessungen dagegen unter einem Winkel und in verkürzter Größe (z. B. unter 45° und in halber Länge). Am Körper parallele Kanten sind auch in der Zeichnung parallel[1]).

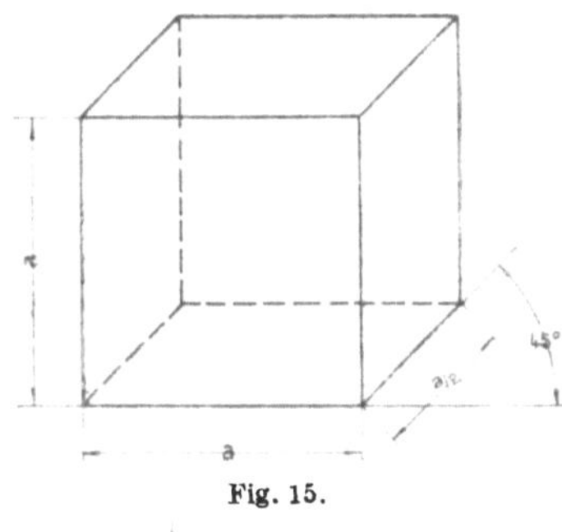

Fig. 15.

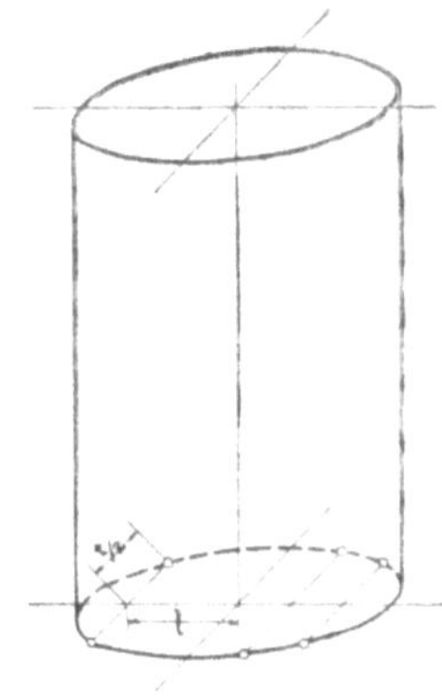

Fig. 16.

a) Die perspektivische Darstellung des mit seinen Flächen parallel zu den Projektionsebenen stehenden Würfels ergibt sich damit nach Fig. 15 ohne weiteres.

b) Die Umfangkreise der horizontalen Stirnflächen des Zylinders erscheinen als Ellipsen, wenn man nach vorstehendem Verfahren einzelne Punkte ihrer geraden Grundrißprojektion (Fig. 17) in die schiefe Projektion (Fig. 16) überträgt, indem man also die wagrechten Abmessungen in wahrer Größe, die dazu senk-

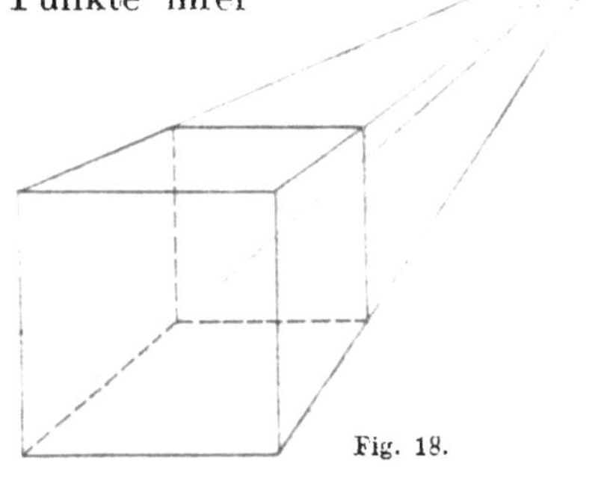

Fig. 18.

Fig. 17.

<hr>

[1]) Im Gegensatz zu dieser „Parallelperspektive" schneiden sich bei der „Zentralperspektive" die zur Aufrißebene senkrecht stehenden Parallelen in einem Punkte (Fig. 18). Obwohl hierdurch ein der Wirklichkeit mehr entsprechendes Bild erzielt wird, während die Parallelperspektive scheinbar nach hinten sich verdickende Bilder ergibt, bevorzugt man doch diese einfachere Darstellungsart für die perspektivische Anfertigung von Maschinenzeichnungen, weil die auf diesen dargestellten Gegenstände in der Regel bloß von geringer Tiefenausdehnung sind, demnach nur in geringer Verzerrung erscheinen, und weil ferner ein etwaiges Abmessen bei parallel perspektivischen Bildern leicht möglich ist.

rechten Abmessungen unter 45° in halber Größe aufträgt. Die Höhe
des geraden Kreiszylinders und dessen Mantellinien, die der Aufrißebene parallel laufen, erscheinen in der wahren Länge.

(Die perspektivische Darstellungsweise kann besonders für Klischee-
und für Patentzeichnungen, mitunter aber auch zur ergänzenden Veranschaulichung werkstattmäßig gezeichneter Gegenstände vorteilhaft
sein. Die Mehrzahl solcher kann dann aus Grundformen der
vorbehandelten oder doch ähnlicher Art zusammengesetzt gedacht
werden.)

Das Maschinenzeichnen.

Begriffsbestimmung. Die folgenden Darlegungen sollen der Erlernung des rationellen Maschinenzeichnens dienen, d. i. der Kunst, maschinentechnische Zeichnungen in einer für den praktischen Gebrauch einwandfreien Weise, in der kürzesten Zeit und mit den einfachsten Mitteln herzustellen. Diese Forderungen ergeben sich aus den in der industriellen Praxis heute schon allgemein gestellten hohen Ansprüchen an die Leistungsfähigkeit des Einzelnen, die notwendigerweise auch für die Herstellung der Maschinenzeichnungen jeden überflüssigen Aufwand ausschließen.

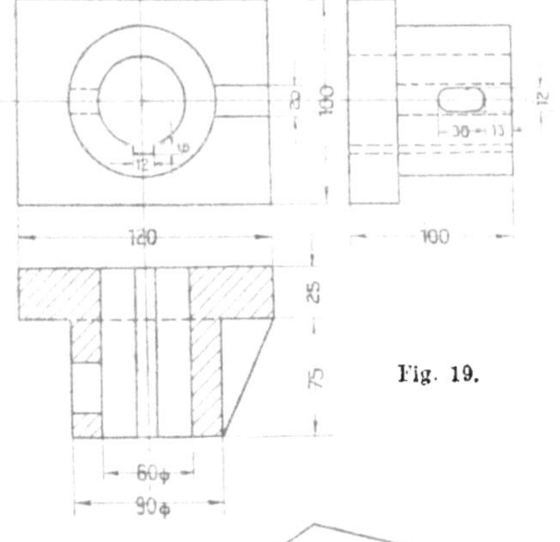

Fig. 19.

Diese Kunst will besonders erlernt sein, denn die Ausführung einer Maschinenzeichnung geht von ganz anderen Gesichtspunkten aus als die einer gewöhnlichen Zeichnung, d. h. der bildlichen Darstellung eines Gegenstandes im landläufigen Sinne, wie sie den meisten schon von der Schule her, aus Illustrationen u. dgl. bekannt ist. Nur einige grundsätzliche, schon nach außen in die Erscheinung tretende Unterschiede der Maschinenzeichnung gegenüber der Zeichnung im gewöhnlichen Sinne, der Künst

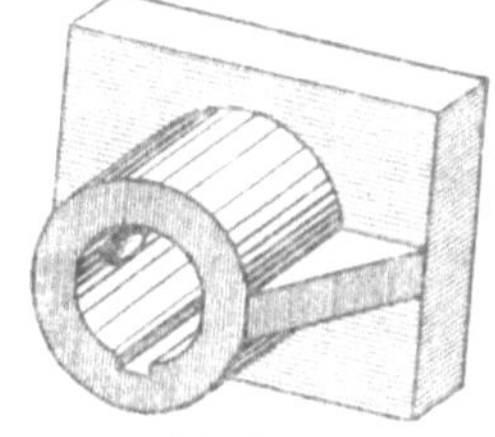

Fig. 19 a.

lerzeichnung, Freihandzeichnung oder wie man sie sonst nennen will, seien hier an Hand der Fig. 19 und 19 a [1]) hervorgehoben:

---

[1]) Die Bezeichnung der Figuren ist in diesem Buche so durchgeführt, daß die für Maschinenzeichnungen gültigen Ausführungen mit einfachen Ziffern bezeichnet sind, während falsche oder für Maschinenzeichnungen nicht vorbildliche Darstellungen (als unvorbildliche Gegenüberstellungen) durch die entsprechenden Ziffern mit Buchstabenindex bezeichnet sind.

Die maschinenzeichnerische Wiedergabe eines Gegenstandes erfordert — zum vollständigen Erkennen seiner genauen Gestaltung und Größe — in der Regel m e h r e r e Darstellungen desselben (z. B. Vorderansicht und Seitenansicht, und zwar als senkrechte Projektionen), wohingegen die gewöhnliche Zeichnung mit e i n e r (perspektivischen) Ansicht sich begnügt;

die Maschinenzeichnung weist — gewissermaßen als Gerippe des ganzen Konstruktionsaufbaues — stets ein System von M i t t e l l i n i e n auf, während die anderen Zeichnungen lediglich die wirklich vorhandenen bzw. sichtbaren Linien aufweisen;

die Maschinenzeichnung enthält — entsprechend ihrer Bestimmung zur werkstattmäßigen Herstellung des gezeichneten Gegenstandes — die verschiedenen Größenangaben in Form von M a ß l i n i e n, während die gewöhnliche Zeichnung nur die allgemeine Form und Anordnung veranschaulichen soll;

die Maschinenzeichnung bedient sich — gleichfalls aus dem letztgenannten Grunde, und zwar zur Kenntlichmachung des Verlaufes der inneren Körperbegrenzung — meistens durch den Körper gelegter S c h n i t t e, wohingegen die gewöhnliche Zeichnung sich, wie gesagt, mit einer äußeren Ansicht des Körpers begnügt.

Zeichnungsarten. Die hier zu behandelnden maschinentechnischen Zeichnungen können, entsprechend ihrer verschiedenartigen Bestimmung bzw. Ausführungsweise, eingeteilt werden in:

1. W e r k s t a t t z e i c h n u n g e n [dienen als Unterlage für die körperliche Herstellung der gezeichneten Gegenstände in der Werkstatt und müssen demzufolge in jeder Hinsicht vollständig und genau sein];
2. P r o j e k t - und O f f e r t - oder A n g e b o t z e i c h n u n g e n [dienen zur Veranschaulichung geplanter Ausführungen und sollen demzufolge in der Regel nur die allgemeine Anordnung und die Arbeitsweise der dargestellten Anlage erkennen lassen];
3. P a t e n t z e i c h n u n g e n [dienen in Verbindung mit der Patentbeschreibung zur Verständlichmachung des Erfindungsgedankens an einem (schematischen) Ausführungsbeispiel];
4. K l i s c h e e z e i c h n u n g e n [dienen zur Anfertigung von Druckstöcken (Klischees) für die bildliche Ausstattung von Katalogen, Broschüren, Prospekten und anderen Drucksachen].

Von den für das Maschinenzeichnen am häufigsten in Betracht kommenden Zeichnungsarten, den Werkstattzeichnungen, ist die wichtigste Form die Pause; sie kennzeichnet sich, rein äußerlich, durch Verwendung von Tusche auf durchscheinendem Papier (sog. Pauspapier), seltener auf durchscheinender Leinwand (sog. Pausleinwand). Diese Pausen, nach denen mittels eines photochemischen Verfahrens die in der Praxis, in Werkstatt und Bureau meist verwendeten Lichtpausen hergestellt werden (sog. Blaupausen, Weißpausen, Braunpausen — je nach der Farbe des Papieruntergrundes der fertigen Lichtpause), werden dementsprechend auch „Originalpausen" genannt.

Die Anfertigung dieser Originalpausen bildet also eine der Hauptbeschäftigungen des Maschinenzeichners. Deshalb sei besonders darauf hingewiesen, daß die gute oder die schlechte Beschaffenheit der (Original-)Pause getreulich auch in allen danach vervielfältigten Lichtpausen zum Ausdruck kommt — genau wie z. B. die Eigenheiten auf einer photographischen Platte in allen Abzügen von ihr wiederkehren. Eine Tatsache, die die sachgemäße, gute Ausführung der Originalpause natürlich besonders nahelegt.

Außer solchen Originalpausen kommen mitunter — z. B. in sehr eiligen Fällen, für sehr seltene Benutzung, bei Patentzeichnungen u. a. — auch Originalzeichnungen für den Maschinenzeichner in Betracht, ähnlich wie solche in der Regel als Unterlage für die Anfertigung der Originalpausen dienen. Die Tätigkeit des Zeichners wird sich in diesen Fällen meistens darauf beschränken, die Zeichnung — mit Tusch- oder Bleistiftlinien auf gewöhnlichem Zeichenpapier — nach Vorlage oder Angabe fertigzustellen.

Allgemeine Anforderungen an Maschinenzeichnungen. Die an eine Maschinenzeichnung allgemein zu stellenden sachlichen Anforderungen, für die stets die Zweckbestimmung der Zeichnung in erster Linie maßgebend ist, lassen sich wie folgt zusammenfassen:

A. Betr. Werkstattzeichnung.

Sie muß eindeutig verständlich sein, d. h. die Darstellung muß in bezug auf Zahl und Durchführung der Ansichten und Schnitte und weiter in bezug auf Maße und sonstige Beschriftung so vollständig und richtig sein, daß Zweifel über die körperliche Gestaltung

und die genaue Abmessung des herzustellenden Gegenstandes nicht
aufkommen können. Da für die Werkstattzeichnung nur die aus-
führende Weiterbehandlung durch hinreichend technisch Gebildete
in Frage kommt, kann und soll sie sich in den Darstellungsmitteln
an die sachlich begründeten Regeln des Maschinenzeichnens halten.
(Weiteres siehe S. 15 u. ff.)

B. Betr. Projekt- und Offert- oder Angebotzeichnung.

Sie soll anschaulich und leichtverständlich sein, d. h. das Wesentliche der Anordnung und Wirkungsweise soll aus ihr — oft auch für
Laien auf maschinentechnischem und -zeichnerischem Gebiete —
ohne weiteres erkennbar sein. Zu dem Zweck kann sie sich, auch
ohne Einhaltung der für Werkzeichnungen erforderlichen Vollständigkeit, auf wenige, oft nur auf eine einzige Ansicht beschränken,
die überdies noch durch sonst verpöntes Ausschmückungsbeiwerk
versehen werden kann, als Rauch, Bäume, Bedienungsmannschaft
u. dgl. sowie Schlag- und Eigenschatten, wodurch für den Laien-
betrachter der Eindruck der Wirklichkeit erhöht werden soll. (Weiteres
siehe S. 53.)

C. Betr. Patentzeichnung.

Sie muß das Wesen der Erfindung im Zusammenhang mit Patentbeschreibung und -anspruch erkennen lassen. Deshalb genügt die
Wahl eines einfachen Ausführungsbeispieles, das, in möglichst nur
schematischer Darstellung, unter Benutzung der in der Beschreibung
enthaltenen Bezugszeichen die zu patentierende Anordnung bzw.
deren Wirkungsweise deutlich hervortreten läßt. (Weiteres s. S. 58.)

D. Betr. Klischeezeichnung.

Sie muß so deutlich bzw. großmaßstäblich sein, daß auch nach
der für die Klischeeherstellung meist erforderlichen (photographischen)
Verkleinerung keine unklaren oder gar verschwommenen Stellen entstehen, weder bei der eigentlichen Zeichnung noch bei der etwa vorhandenen Beschriftung. Sie wird in der Regel durch den Text der
Drucksache ergänzt und umgekehrt und hat sich in ihrer sachlichen
Ausführung zweckmäßig nach dem Empfängerkreis zu richten, für
den sie bestimmt ist, so daß sie in dieser Beziehung sich jeweils mehr
oder weniger einer der vorgenannten Ausführungsarten anzupassen
hat. (Weiteres s. S. 62.)

Anordnung der Figuren. Wie einleitend bereits gesagt worden ist, erfordert die zweifelfreie maschinenzeichnerische Darstellung eines technischen Gegenstandes in der Regel mehrere Figuren, die dessen Aussehen und Abmessungen von verschiedenen Seiten wiedergeben. Diese in jeweils senkrechter Sehrichtung auf den Körper gewonnenen Ansichten — auch Projektionen genannt — sollen auf dem Zeichnungsblatte ein für allemal in einer ganz bestimmten Weise zueinander angeordnet sein, so daß durch die Lage der Figuren zueinander deren gegenseitige Zugehörigkeit gegebenenfalls auch ohne schriftlichen Zusatz hervorgeht (selbst ohne die einfachste Kennzeichnung der Figurenzugehörigkeit mittels Klammern nach Fig. 21a). Dabei ist

es schon mit Rücksicht auf die zeichnerische Ableitung der einen Figur aus der anderen selbstverständlich, daß beispielsweise der Grundriß G (d. i. die Ansicht von oben auf den Gegenstand) senkrecht unter den Aufriß A oder den Seitenriß S (d. i. die Ansicht von vorn bzw. von rechts oder links), dieser dagegen wagrecht neben den Aufriß gelegt wird. Bei der Anordnung der verschiedenen

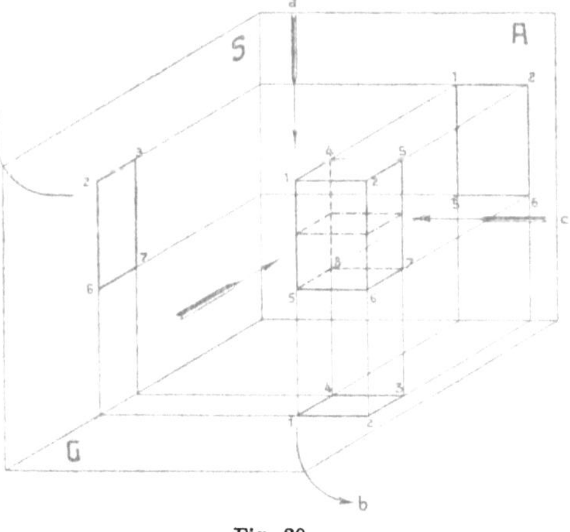

Fig. 20.

Ansichten und Schnitte ist nun zweckmäßig in der aus Fig. 20 entnehmbaren Weise zu verfahren. Dabei kann das Zustandekommen der gegenseitigen Lage der einzelnen Figuren dadurch erklärt werden, daß die Sehrichtung auf eine Seite des Körpers zugleich die Richtung angibt, nach der die Ansicht auf diese Seite gewissermaßen in die Zeichenebene hineingeklappt wird. Mit anderen Worten: Eine Ansicht von links auf den Körper kommt rechts neben die Ausgangsfigur zu liegen, eine Ansicht von oben kommt unter die Ausgangsfigur zu liegen usf. Analog ist die Anordnung auch dann, wenn durch den Körper, wie man sagt, „Schnitte gelegt" werden, d. h. wenn der Körper an einer Stelle durchgeschnitten gedacht wird, um durch diesen Schnitt den besonderen Verlauf seiner Begrenzung — meistens auch im Innern, also besonders bei Hohlkörpern —

festzustellen. Die Anordnung der verschiedenen Ansichts- und Schnittfiguren in einem solchen Falle zeigt Fig. 21.

Stricharten. Die Elemente, aus denen sich eine Maschinenzeichnung
zusammensetzt, sind Linien, und zwar gerade Linien (Striche) und
krumme Linien (Kreise und Kurven). Die verschiedene Bedeutung,
die die Linien in einer Maschinenzeichnung haben, kommt durch die
nachstehend gekennzeichnete Verschiedenartigkeit der Liniendar-
stellung zum Ausdruck, wo-
bei die Farbe der verschiedenen Linien jedoch — im

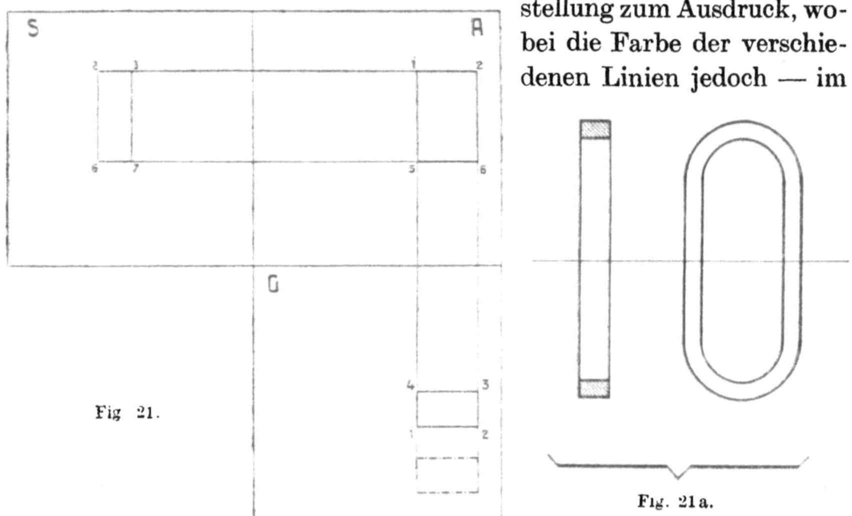

Fig. 21.

Fig. 21a.

Gegensatz zu dem mitunter immer noch gelehrten Verfahren der
berüchtigten buntfarbigen Schulzeichnungen — stets einheitlich
schwarz zu nehmen ist. Denn es ist eine zwecklose Zeitvergeudung
und ein unnützer Materialaufwand, blaue und rote oder gar noch
andersfarbige Linien in eine Zeichnung hineinzubringen, bei deren
Weiterbehandlung im Lichtpausverfahren diese Farbenunterschiede
doch nicht zur Geltung kommen.

A. Konstruktionslinien.

1) Konstruktionslinien, die bei der jeweiligen Ansicht des Körpers
   s i c h t b a r sind (sichtbare Konstruktionslinien), sind auszuführen: als a u s g e z o g e n e Linien [Fig. 22(a)];
2) Konstruktionslinien, die bei der jeweiligen Ansicht des Körpers
   n i c h t s i c h t b a r sind, d. h. durch vorstehende Teile verdeckt

sind (unsichtbare Konstruktionslinien): als gestrichelte Linien [Fig. 22 (b u. c)];

3) Konstruktionslinien, die durch Drehung, Klappung oder Verschiebung eines Teiles des dargestellten Körpers als in eine andere Lage gebracht gedacht sind: als punktierte Linien [Fig. 22 (d)].

Die Wahl dieser Stricharten ist nicht willkürlich getroffen, sondern mit Rücksicht auf Zeitersparnis und auf gutes Aussehen der Zeichnung. Denn die unter 2) genannten Linien kommen ungleich häufiger vor als die unter 3) genannten, weshalb für jene die naturgemäß schneller und gleichmäßiger zu zeichnende Strichelungsart zu wählen ist.

Die Strichstärke der unter 1) und gegebenenfalls auch der unter 2) erwähnten Linien (soweit diese in nicht zu großer Menge enthalten sind) ist — nach dem Maßstabe bzw. der Größe und der Zusammengesetztheit der Darstellung sich richtend — möglichst kräftig zu halten, damit sich die Konstruktion aus der gesamten Zeichnung mit ihren Hilfslinien und ihrer Beschriftung leicht erkennbar hervorhebt (Fig. 110).

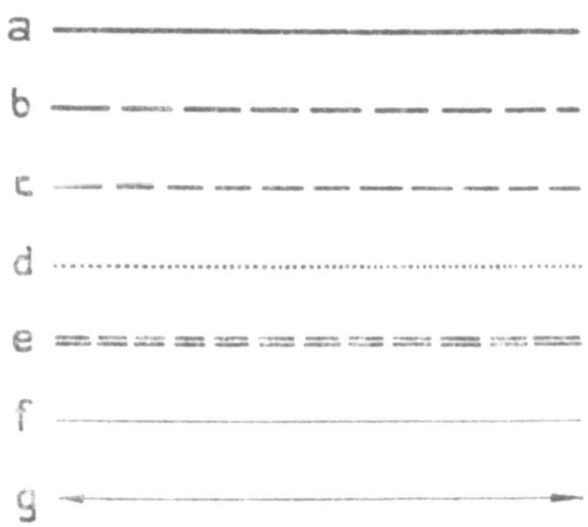

Fig. 22.

Bei unter Umständen zahlreich vorhandenen unsichtbaren Konstruktionslinien sind diese zweckmäßigerweise dünner zu stricheln, da andernfalls der Eindruck des sichtbaren Formverlaufes zu sehr verwirrt wird.

Die Linien nach 3) dagegen, die verhältnismäßig selten vorkommen, sind fein zu punktieren, einesteils wieder, damit der Eindruck der Konstruktion nicht verwirrt wird, andernteils deshalb, weil gerade Punkte mit einer breit eingestellten Reißfeder schwer herzustellen sind und leicht zu Klecksen führen. (Deshalb mag es in manchen Fällen auch als begründet und zweckdienlich erscheinen, solche Linien dünn auszuziehen; vgl. Fig. 38 u. 131.)

Selbstverständlich ist es, daß für das — trotz aller anzustrebenden Flottheit — bei der Anfertigung einer Maschinenzeichnung erforderliche schöne, gleichmäßig-ruhige Aussehen derselben vor allen Dingen auch eine Gleichmäßigkeit der Linien selbst vorhanden sein muß. Insbesondere müssen also bei den gestrichelten und den punktierten Linien die freien Zwischenräume bzw. die Strichelchen gleich lang sein; bei parallel laufenden Linien sind ferner für den nämlichen Zweck Striche und Zwischenräume der einen gegen die der anderen nicht zu versetzen [Fig. 22 (e)]. Das gute Aussehen der gestrichelten Linien und auch der unter B_3 angeführten strichpunktierten Linien läßt sich, bei raschester Fertigstellung, besonders dadurch leicht wahren, daß die einzelnen Striche möglichst lang und die Zwischenräume kurz gehalten werden.

B. Hilfslinien.

1. Mittellinien oder Achsen, das sind gedachte, am Körper selbst nicht vorhandene Gerade, die diesen oder Teile desselben in symmetrische Teile zerlegen: als ganz dünn ausgezogene Linien, die über die Körperbegrenzungen stets ein wenig hinausgeführt sind [Fig. 22 (f)].

Bei kreisrunden, elliptischen oder rechteckigen Gebilden sind diese Mittellinien gewöhnlich ein sog. Achsenkreuz, das sind zwei im Mittelpunkt der genannten Figuren senkrecht aufeinanderstehende Gerade, deren jede die Figur in zwei Symmetriehälften zerlegt (Fig. 50).

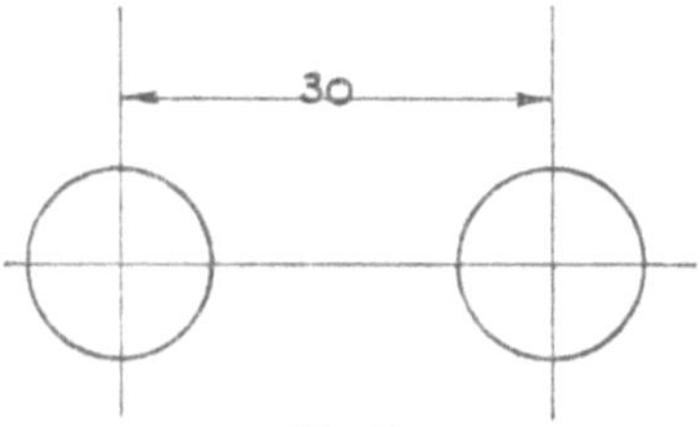

Die Ausführung der Mittellinien als ausgezogene Gerade — im Gegensatz zu der meistens zwar üblichen strichpunktierten Ausführung — hat zunächst den sachlichen Vorteil, daß das Abtragen und Einzeichnen der Maße, das sehr häufig von hier aus erfolgt, an jeder Stelle genau vorgenommen werden kann, während dies bei strichpunktierten Mittellinien wegen deren Unterbrechungen nicht immer möglich ist (Fig. 23 bzw. 23 a). Da die außerdem ja leichter und schneller ausführbare Ausbildung der Mittellinie als durchgehende, ununterbrochene Linie somit nur Vorteile bietet — der Nachteil einer etwaigen Verwechslung mit einer Konstruktionslinie

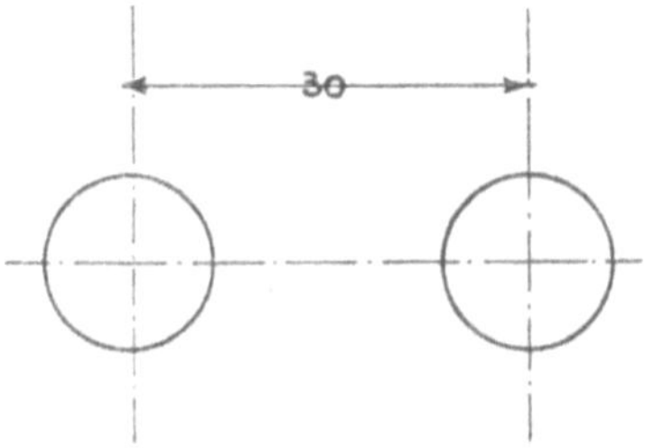

Fig. 23.

Fig. 23 a.

ist durch ihre geringere Strichstärke und durch ihre Hinausführung über die Körperbegrenzung ja völlig vermieden —, so ist nicht einzusehen, warum an der herkömmlichen strichpunktierten Mittellinie noch festgehalten werden soll. Will man indes die Mittellinien durchaus strichpunktieren, so soll man für sie wenigstens ganz lange Striche und ganz kurze Zwischenräume nehmen, um die genannten Nachteile auf ein Mindestmaß zu beschränken.

2. Maßlinien, das sind die die Größenabmessungen der einzelnen Stellen des dargestellten Gegenstandes bestimmenden Geraden: als ganz dünn ausgezogene Linien, die beiderseits durch Pfeile begrenzt sind [Fig. 22(g)]. Bei engen Dimensionen, wo zwischen den begrenzenden Konstruktionslinien zu wenig Platz ist für die Unterbringung von Maßlinie, Zahl und Pfeilen, wird deren Anordnung zweck-

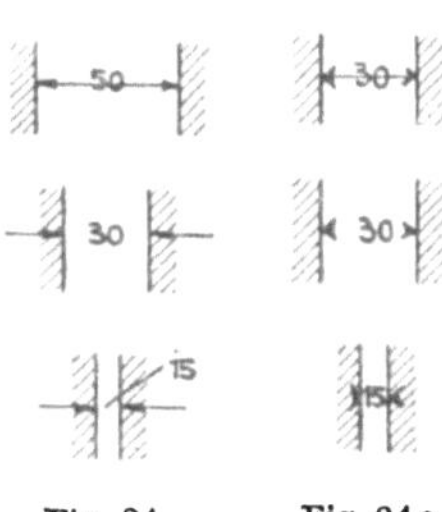

Fig. 24.   Fig. 24 a.

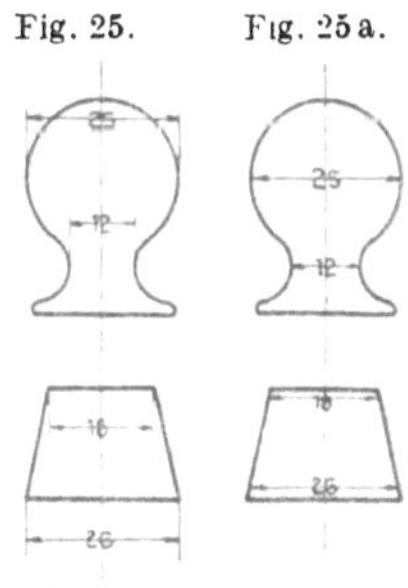

Fig. 25.   Fig. 25 a.

Fig. 26.   Fig. 26 a.

mäßig nach Fig. 24 vorgenommen. Es ist dabei zu beachten, daß zu jedem Maßpfeil stets auch ein, wenn auch nur kurzes Stück Maßlinie gehört, wodurch die Richtung des Maßes erst genau festgelegt ist; nicht etwa nach Fig. 24 a. Die spitze Ausbildung der Maßpfeile hat ihre Begründung nicht nur in dem zweifellos besseren Aussehen im Vergleich zu stumpfwinkliger Ausführung, sondern auch darin, daß bei gespreizter Ausbildung unter Umständen die Pfeile mit den Konstruktionslinien verschwimmen würden (Fig. 110 a).

Bei stetig zu- oder abnehmender Abmessung eines Körperteiles, wobei das Maß in der Regel für die kleinste und die größte Dimension anzugeben ist, ist die Maßlinie aus der zugehörigen Maßstelle herauszuziehen (z. B. nach Fig. 25 und 26). Der Anfänger verstößt hiergegen gern, indem er die Maßlinie in die seiner Schätzung nach kleinste oder größte Stelle (Fig. 25 a) oder gar bewußt nur in deren Nähe setzt (Fig. 26 a).

Das Herausziehen der Maßlinien aus der Konstruktion, das für ein klares Erkennen beider oft wohl dienlich ist (Fig. 122 a), soll nicht grundlos übertrieben werden. Denn dadurch wird — mit unnötiger Mehrarbeit für das Ziehen der Hilfslinien — das Gesamtbild der

Zeichnung nur unruhig und das Ablesen der Maße erschwert (Fig. 30 bzw. 30a.)

Maßlinien, die die Größe eines Kreishalbmessers darstellen, sind nach Fig. 27 auszuführen, d. h. sie sind nur einerseits mit einem Pfeilende zu versehen, während sie andererseits von dem zugehörigen Kreismittelpunkt ausgehen, der durch einen sog. Nullkreis bzw. durch ein Achsenkreuz dargestellt ist. Die in der Fig. 27a wiedergegebenen Ausführungen, insbesondere auch das Einschreiben von Gleichungen in die Maßlinie, sind als unzweckmäßig zu vermeiden.

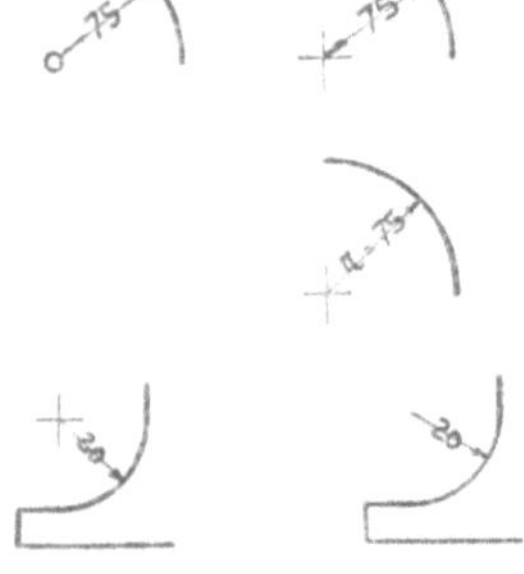

Als grundsätzliche Forderung hat, ganz allgemein, zu gelten, daß die Maßlinie und -zahl sich deutlich von allen anderen Linien der Zeichnung

Fig. 27.   Fig. 27a.

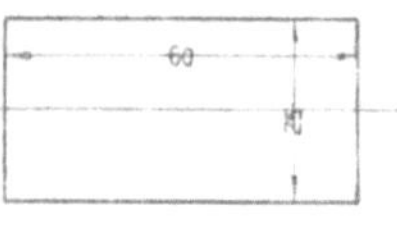

Fig. 28.

abhebt, daß sie weder durch zu nahes Anliegen an anderen Linien — Konstruktions- oder Hilfslinien (Fig. 29 u. 29a) — noch gar durch Zusammenfallen mit solchen oder auch

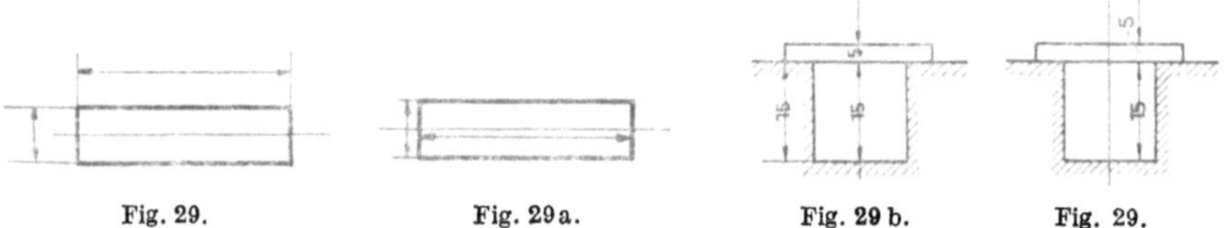

Fig. 29.   Fig. 29a.   Fig. 29b.   Fig. 29.

deren Verlängerung in ihrem deutlichen Hervortreten beeinträchtigt werden oder auch die eigentliche Zeichnung stören (Fig. 29b u. 110a).

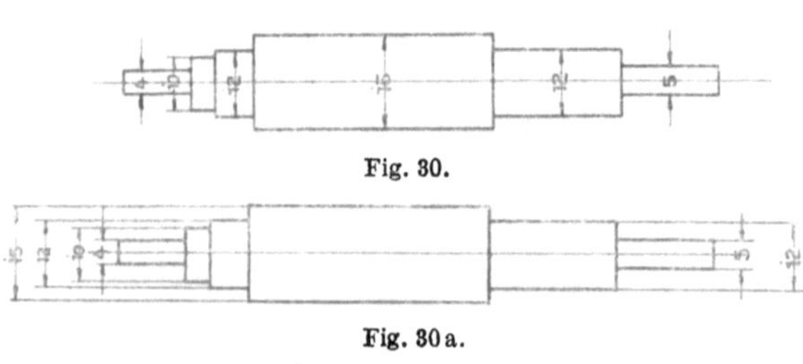

Fig. 30.

Fig. 30a.

In bezug auf die Art, wie die Maßzahl in die Maßlinie einzusetzen ist, ist noch folgendes bemerkenswert: Wenn auch die Unterbrechung der Maßlinie für die Maßzahl diese zweifellos am klarsten erscheinen läßt (Fig. 36), so kann bei der ja ganz dünnen Ausführung der Maßlinie doch auch das Dareinschreiben der Zahl, das natürlich etwas schneller vonstatten geht, als zulässig erachtet werden (Fig. 32). Ein Nebensetzen der Zahl über oder unter die Maßlinie ist dagegen grundsätzlich zu unterlassen, weil dadurch bei dicht nebeneinander liegenden Maßlinien leicht Verwechslungen der Zugehörigkeit der verschiedenen Maßzahlen unterlaufen können.

Jedenfalls hat die Richtung des Maßeinschreibens stets in Richtung der Maßlinie zu erfolgen, und zwar bei horizontalen Maßlinien natürlich von links nach rechts, bei vertikalen von unten nach oben (Fig. 28), bei schrägstehenden so, daß bei deren (auf kürzestem

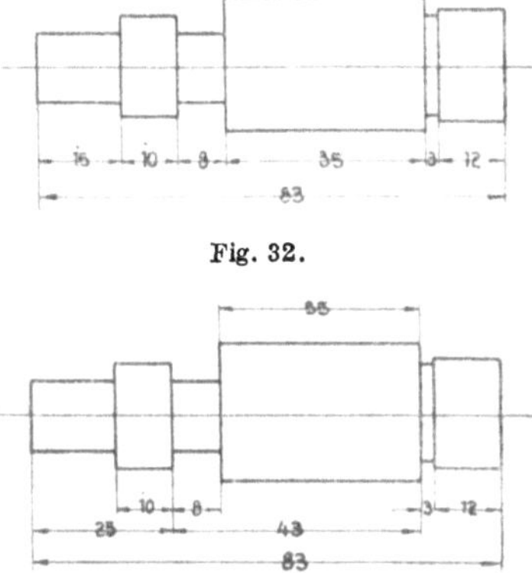

Fig. 32.

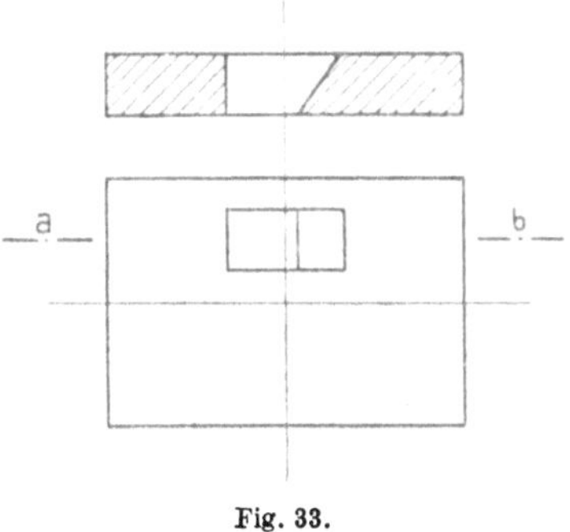

Fig. 32 a.

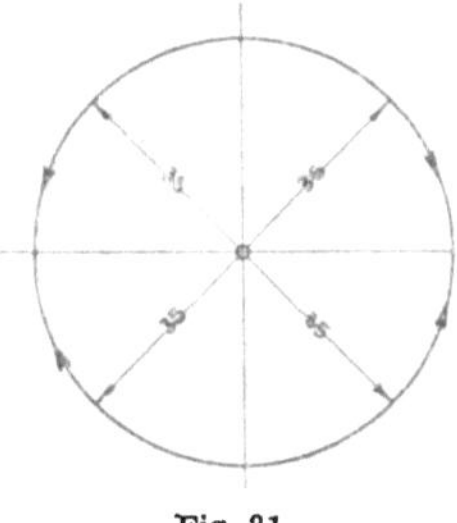

Fig. 31.

Wege erfolgenden) Eindrehen in die horizontale Lage die Zahlen gerade, und nicht auf dem Kopfe stehen würden (Fig. 31 zeigt die Stellung der Zahlen in den einzelnen Quadranten).

Auch diese Festsetzungen sind nicht willkürlich getroffen, sondern sie sollen Mißverständnisse über die Zugehörigkeit der einzelnen Maße verhüten, die anderenfalls unter Umständen möglich wären (Fig. 133a).

Die Rücksicht endlich auf das ruhige Aussehen der Zeichnung macht es wünschenswert, daß gleichgerichtete Maße benachbarter Teile nach Möglichkeit in die gleiche Flucht gebracht werden, daß das unruhig wirkende Absetzen der Maßlinien also vermieden wird (Fig. 32 bzw. 32a).

3. Schnittlinien, das sind die geraden oder auch gebrochenen Linien, die die Lage der durch den Körper gelegten Schnittebenen andeuten: als strichpunktierte Linien an der beiderseitigen Austrittsstelle der Schnittebene aus dem Körper (Fig. 33).

Fig. 33.

Zusammenfassend kann mithin gesagt werden, daß für die so wichtige, ja grundlegende Ausbildung der Stricharten der modernen Maschinenzeichnungen die Rücksicht auf flotte Herstellbarkeit und gleichzeitig auf gutes, ruhiges und sachlich-würdiges Aussehen der Zeichnung dadurch geübt wird, daß sämtliche Striche einheitlich schwarz und möglichst durchgehend — ausgezogen oder langgestrichelt — gehalten werden, wobei die erforderliche Unterscheidung zwischen Konstruktionslinien und Hilfslinien durch die verschiedene Strichstärke zur Genüge zu bewirken ist (d. h. die Konstruktionslinien, als am Körper tatsächlich vorhanden, kräftig gehalten; die Hilfslinien, als freigewählte oder gedachte, fein gehalten). Auf diese Weise tritt im Gewirr der Linien einer selbst komplizierten Maschinenzeichnung das körperliche Gebilde der Darstellung klar und schlicht hervor, während das für die Ausführung oder für die eingehende Beurteilung der Konstruktion erforderliche Zubehör der Hilfslinien übersichtlich abgesondert ist.

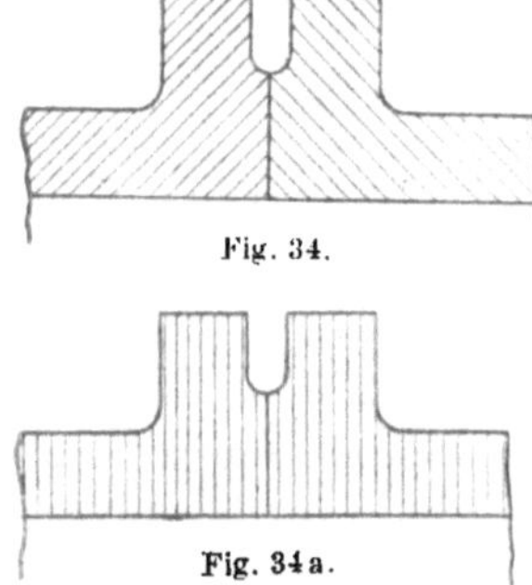

Fig. 34.

Fig. 34 a.

Schraffuren. Die auf den meisten Maschinenzeichnungen vorkommenden Schnittflächen (s. S. 25) werden durch Schraffur kenntlich gemacht, d. h. durch Ausfüllung dieser Flächen mit schräglaufenden Parallellinien. Als Neigung kann für diese Linien in der Regel der 45°-Winkel genommen werden, der gegen den ja häufigsten Verlauf der Begrenzungslinien der

Fig. 35.

Schnittflächen — in senkrechter und in wagrechter Richtung — die gleiche Neigung ergibt (Fig. 34). Eine Schraffierung mittels senkrechter oder wagrechter Linien ist daher grundsätzlich unzulässig, eben weil dadurch Undeutlichkeiten und Mißverständnisse über den Verlauf der Schnittflächenbegrenzung leicht auftreten würden (Fig. 34 a). Nur Flüssigkeiten, insbesondere Wasser (in Behältern, Flußläufen o. a. m.) machen hiervon eine Ausnahme, indem sie allgemein durch abnehmende Horizontalschraffur angedeutet werden (Fig. 35). Sie heben sich dadurch auch von den werkstattlich herzustellenden Teilen der Maschinenzeichnung von vornherein deutlich ab.

Für die Dichte der Schraffur, d. i. den Abstand der einzelnen Schraffurlinien voneinander, hat — wieder mit Rücksicht auf Zeitaufwand und gutes, ruhiges Aussehen der Zeichnung — allgemein zu gelten, daß die Schraffur nach Maßgabe der Größe der zu schraffierenden Fläche möglichst weit zu nehmen ist. Je enger die Schraffurlinien zu einander stehen, desto aufhältlicher ist natürlich das Schraffieren und desto leichter tritt es ein, daß die Abstände ungleichmäßig und die Flächen fleckig erscheinen. Bei häufigerem Vorkommen größerer Schraffurflächen dürfte sich deshalb die Benutzung von im Handel erhältlicher Schraffiervorrichtungen empfehlen, d. s. mit verstellbarem Anschlag versehene Lineale, die in Anlehnung an die Reißschiene und in wechselweisem Zusammenwirken mit dem Zeichendreieck eine vollkommen gleichmäßige Liniierung bzw. Schraffierung von beliebiger Weite ermöglichen.

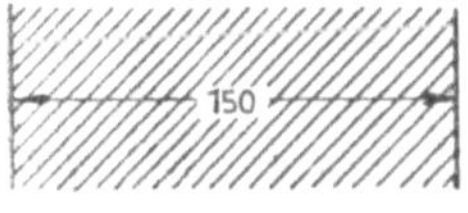

Fig. 36.

Fig. 36 a.

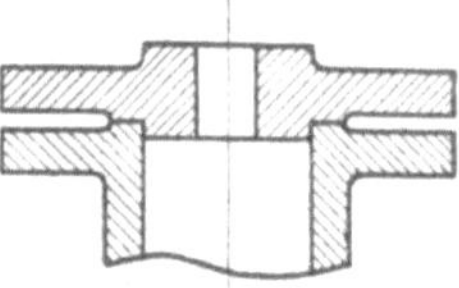

Fig. 37.

Die Strichstärke der Schraffurlinien ist — wie die der Hilfslinien ja allgemein — fein zu nehmen, wodurch unter gleichzeitigem besseren Hervortreten der Körperbegrenzung die in der Schraffurfläche enthaltenen Maßlinien bzw. -zahlen, und etwaige sonstige Beschriftungen ohne weiteres kenntlich bleiben. Die aufhältliche Freilassung eines Feldes um die Maßzahl herum (nach Fig. 36) wird dadurch überflüssig, anderenfalls sind diese Felder als Kästchen immer erst vorzuzeichnen, damit ein einigermaßen gutes und ruhiges Aussehen erzielt wird.

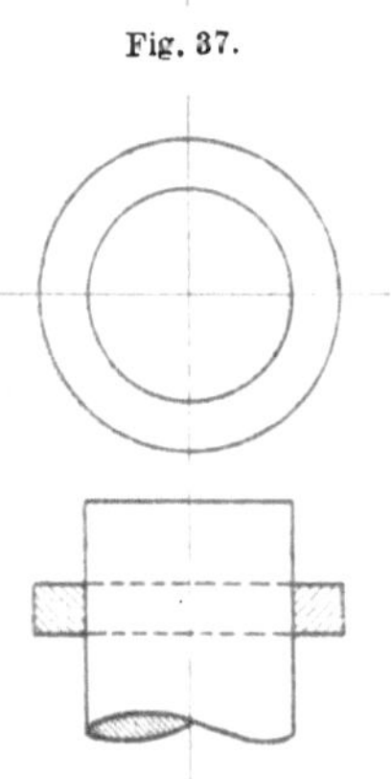

Fig. 37 a.

Auch getrennt voneinander liegende, von ein und derselben Schnittebene herrührende Schnittflächen ein und desselben, d. h. in Wirklichkeit zusammenhängenden Körperteiles sind gleichartig zu schraffieren, insbesondere hat die Richtung der Schraffurlinien in allen diesen Flächen die gleiche zu sein (Fig. 37). Das ist eigentlich selbstverständlich, da diese Einzelschnittflächen eben ein und demselben Gesamtschnitt durch einen Einzelkörper angehören und, bei gleichem Verlauf, eben dessen Querschnittsgestaltung leicht erkennen lassen. Dennoch wird von Anfängern hiergegen oft gefehlt (vgl. z. B. Fig. 37a). Dagegen sind benachbarte Schnittflächen, die verschiedenen Einzelteilen des dargestellten Gegenstandes angehören, in entgegengesetzten Richtungen zu schraffieren (Fig. 34 u. 37).

Für sehr kleinflächige Querschnitte — vor allem durch Bleche, Drähte, Achsen von geringem Durchmesser (wodurch gleichzeitig die Drehpunkte z. B. von Hebelmechanismen besser hervorgehoben werden; Fig. 38), Profileisen oder auch durch durchgehend sehr dünnwandige Körper (Röhrchen, Kästen u. dgl.) — für alle solche Querschnitte ist das Schraffieren nicht angezeigt, weil es in der erforderlichen Weise als Schraffur fast gar nicht zur Geltung kommt oder unschön wirkt (Fig. 39a). In diesen Fällen ersetzt man die Schraffur durch volles Ausfüllen der Querschnittfläche nach Fig. 39. Um beim

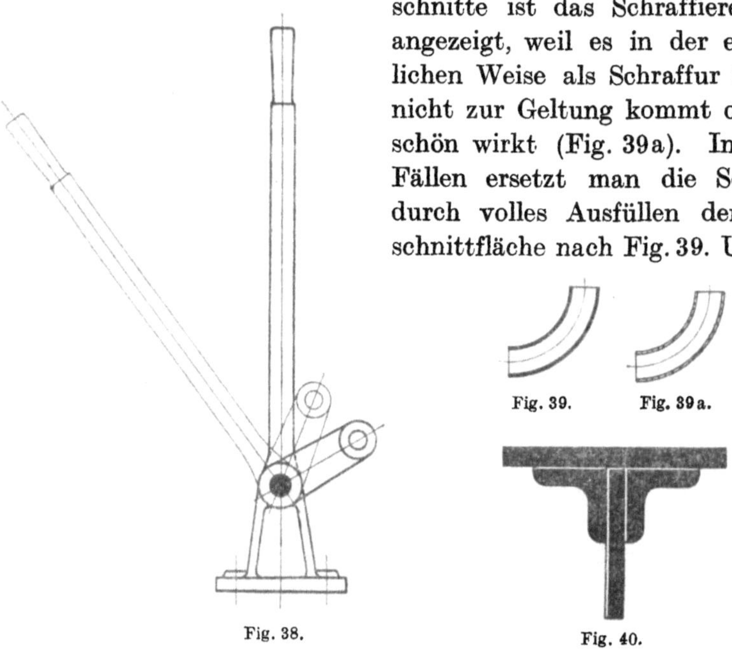

Fig. 39.　　Fig. 39a.

Fig. 38.　　Fig. 40.

Aneinanderstoßen solcher Querschnitte diese noch einzeln erkennbar zu haben, bringt man sog. Lichtkanten an, d. h. man läßt nach Fig. 40 an den oben und den links gelegenen Seiten einen schmalen Streifen frei (analog der Ausführung von Schattenkanten, vgl. S. 30).

Die Schraffur kann gleichzeitig ein Mittel sein, um das Material erkennen zu lassen, aus dem der geschnittene Teil hergestellt ist (Näheres s. unter „Stückliste", S. 35). Während aber bei der Verwendung von Farben für die Querschnittsausfüllung oder bei sonstiger Flächenbemalung (Näheres s. unter „Projektzeichnung", S. 54) die Art der Materialangabe allgemein und eindeutig festgelegt ist — z. B. grau für Gußeisen, blau für Schmiedeeisen usw. (s. Fig. 41) —, ist dies bei der Schwarzschraffierung nicht in gleichem Maße der Fall. Es empfiehlt sich deshalb, auf der Zeichnung nötigenfalls eine kleine Schraffurtabelle zur Erläuterung der dort vorkommenden Materialien beizufügen (etwa nach Fig. 41). Bei der Wahl der Schraffurarten gelten logischerweise wieder die für die Wahl der Stricharten allgemein zu beachtenden Rücksichten (vgl. S. 17), so daß für die am meisten vorkommenden Materialien die einfachsten Schraffierungen zu nehmen sind.

Ähnlich wie bei Wasser ist auch bei Erdreich, Holz und Glas (Fenster) eine von der gewöhnlichen Schraffur abweichende Flächenangabe üblich:

Für Erdboden empfiehlt sich die in Fig. 41 (Mitte) wiedergegebene Schraffurart, die freihändig mit der Feder leicht und schnell auszuführen ist. Die nach Fig. 41 (links) mitunter gewählte Art erscheint im Rahmen der allgemein viel helleren Durchbildung der eigentlichen Maschinenzeichnung oft zu aufdringlich.

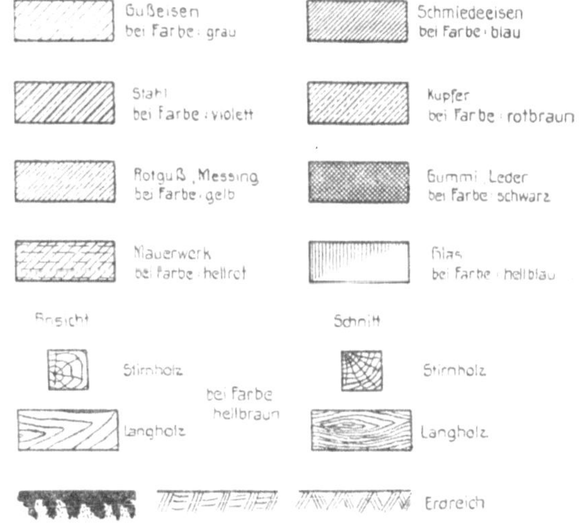

Fig. 41.

Für Holz sind die Darstellungen mittels „Maserung“ nach Fig. 41 (für Langholz bzw. für Stirnholz) allgemein gebräuchlich. Dabei ist auch für Ansichten diese Maserung anzubringen, jedoch heller, leichter zu halten als für Querschnitte.

Für Glas, in der Verwendung für Fenster, ist — also auch bei deren Ansicht — eine teilweise Vertikalschraffur gebräuchlich, wodurch die Spiegelung der Scheiben wirksam angedeutet wird (Fig. 41).

Körperschnitte. Zu der Frage, wann, wo und wie Schnitte durch die darzustellenden Körper zu legen sind, sei noch bemerkt:

Da der Schnitt durch einen Körper in der Regel mehr zeichnerischen Aufwand erfordert als dessen Ansicht, so sucht man unnötige Schnittfiguren, aus denen nicht mehr zu entnehmen ist als aus den entsprechenden Ansichten, zu vermeiden (Fig. 42 und 42a). Im allgemeinen sind die Schnitte deshalb auf Hohlkörper beschränkt, bei denen der Verlauf der inneren Begrenzung aus der Ansicht nicht zur Genüge oder nur unter Zuhilfenahme unübersichtlicher Strichellinien entnehmbar ist. Volle, massive Körper dagegen sind in der Regel in einfachster Weise mittels Ansichtsfiguren wiederzugeben (Fig. 61).

Mit diesem Gebrauch deckt sich die Forderung, daß auch das Maßeinschreiben in der Regel nur zwischen sichtbaren Konstruktionsbegrenzungen vorzunehmen ist.

Gegebenenfalls wird deshalb auch der innere Verlauf von Hohlräumen eines in der Hauptsache vollen Körpers dadurch zum Ausdruck gebracht, daß man lediglich durch die betreffende

Fig. 42a.

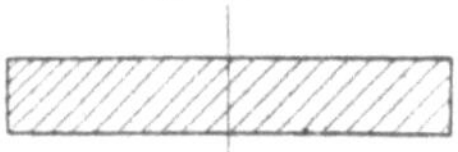

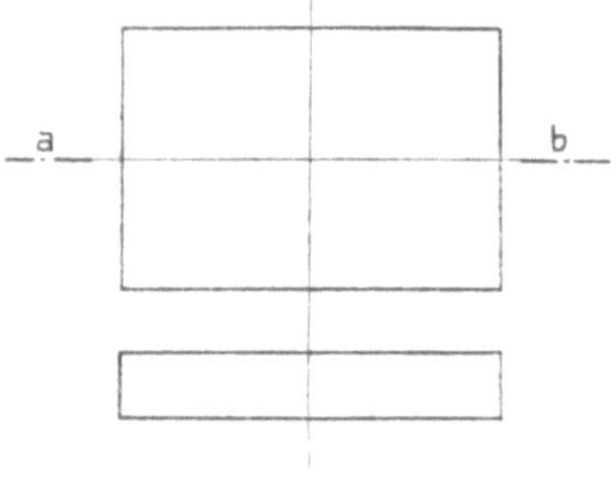

Fig. 42.

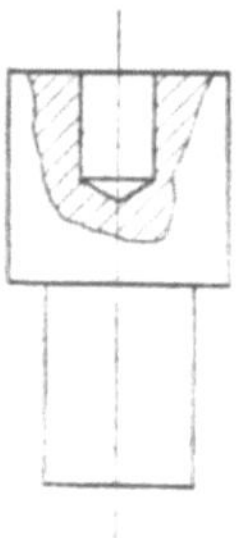

Fig. 43.

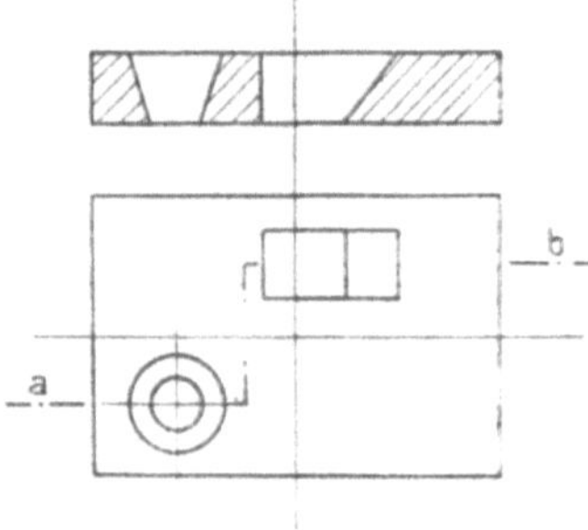

Fig. 44.

Stelle einen Schnitt legt, den Körper dort gewissermaßen „abbricht". Die Fig. 43 läßt ein derartiges Verfahren erkennen.

Der Querschnittverlauf von Hohlkörpern wird gewöhnlich durch den sog. Mittelschnitt veranschaulicht, d. h. durch eine Schnittebene, die durch die Achse des Körpers parallel zu einer Projektions- oder Zeichenebene gelegt ist (Fig. 19). In besonderen Fällen kann natürlich auch — je nachdem, was man durch den Schnitt zeigen will — eine exzentrische Lage der Schnittebene zweckdienlich sein (Fig. 33) oder gar ein sog. gebrochener Schnitt, d. i. die Durchschneidung des Körpers in Richtung einer gebrochenen Linie (Fig. 44). Um zu zeigen, welche der beiden Schnittflächen veranschaulicht werden soll, kann man sich der Buchstabenbezeichnung der Schnittebene derart bedienen, daß auch aus der Stellung der Buchstaben die zu betrachtende Schnittfläche zu erkennen ist (Fig. 45).

Volle Körper mit vorwiegender Längsausdehnung — z. B. Achsen,

Wellen, Spindeln, Bolzen, Arme, Rippen, Haken, Ösen u. dgl. — werden
ihrer Länge nach niemals geschnitten (Fig. 47 u. 47 a), wohl aber senkrecht zu ihrer Längsachse (s. auch Fig. 67). Wäh-
rend es also einen Längs- oder Achsenschnitt beispielsweise eines normalen, d. h. vollen Schraubenbolzens nicht gibt (etwa nach Fig. 48 a), ist ein
solcher durch einen hohlen Gewindekörper recht
häufig (Fig. 48). Will man in besonderen Fällen
den inneren Verlauf auch bei solchen vollen
Körpern angeben, so bricht man ihn, wie gesagt, an der betreffenden Stelle ab (Fig. 43).

Schnitte durch Räder, Scheiben u. dgl. legt
man stets n e b e n die Arme oder Speichen bzw.
durch die Aussparungen, aber nie durch die
volle Wand (Fig. 46 u. 46 a, s. auch Fig. 90).

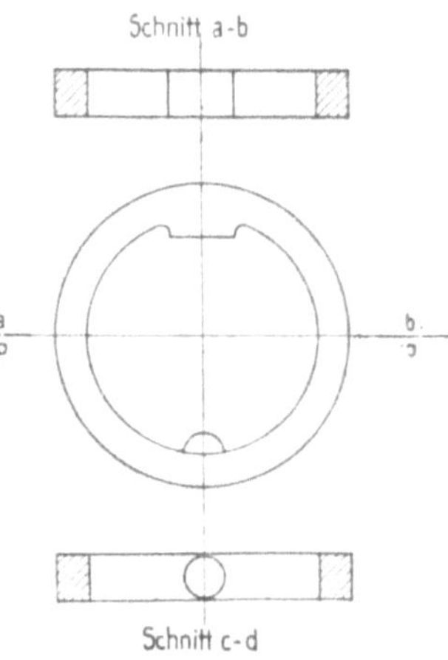

Fig. 45.

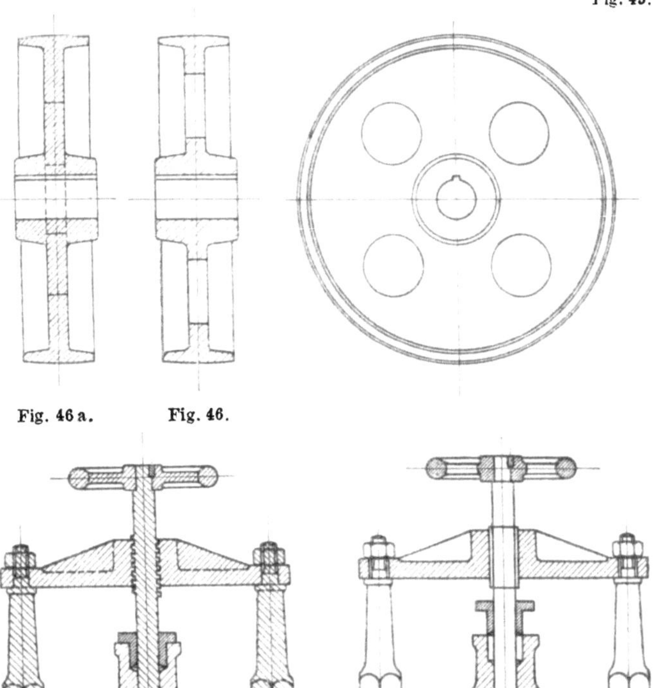

Fig. 46 a.   Fig. 46.

Fig. 47 a.   Fig. 47.

Hohlkörper, die grundsätzlich nie geschnitten werden, sind die
Schraubenmuttern, weil deren äußere und innere Gestaltung und
Abmessung durch Normalien ein für allemal festliegen (s. S. 38).

Schattenangaben. Das früher selbst bei Werkzeichnungen gebräuchliche Verfahren, die Plastik der Körper, namentlich solcher
mit gewölbter Oberfläche, durch Angabe von Schatten oder Schattierungen zu veranschaulichen, ist durch die modernen Grundsätze
für das Maschinenzeichnen fast ganz beseitigt. Denn da die genaue
Gestaltung der Körper für deren Werkstattherstellung, wie gesagt,
ja aus den verschiedenen Ansichten und Schnitten der Zeichnung
in Verbindung mit den Maßbezeichnungen hervorgehen muß, erscheint die zusätzliche Anbringung von Schattierungen im allgemeinen
eben als überflüssiger Zeitaufwand, um so mehr, als diese für ein

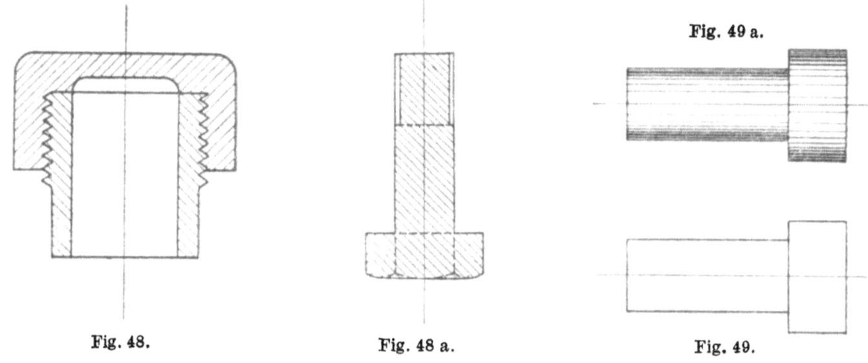

Fig. 48.   Fig. 48 a.   Fig. 49.

nur einigermaßen gutes Aussehen recht mühsam herzustellen sind
(Fig. 49 und 49 a).

Besonders empfohlen sei an dieser Stelle dagegen der grundsätzliche
Gebrauch eines sehr einfachen Mittels, um die kreisrunde, die qua-
dratische und auch die rechteckige Querschnittbegrenzung von
Körperstellen zum Ausdruck zu bringen, ohne daß für diese Erkennt-
nis erst andere Figuren in Betracht gezogen, ja unter Umständen
überhaupt gezeichnet zu werden brauchen. Dieses Mittel besteht
lediglich in der Beifügung des Durchmesser- bzw. Quadratzeichens
zu der Maßzahl, die die Größe des Durchmessers bzw. der Quadrat-
seite des betreffenden Querschnittes angibt (Fig. 50 u. 51).

Die Ausführung dieser Zusatzzeichen soll natürlich wieder möglichst
einfach und ohne Verschnörkelung sein, deren gute Herstellung doch
nur bei besonderer Geschicklichkeit gelingt. Zweckmäßig ist ferner

eine Tieferstellung dieser Zusatzzeichen, damit, unter Hervortreten
der Maßzahl selbst, nicht etwa eine Irreführung über deren Größe
dadurch möglich wird, daß das Durchmesserzeichen als Null gelesen

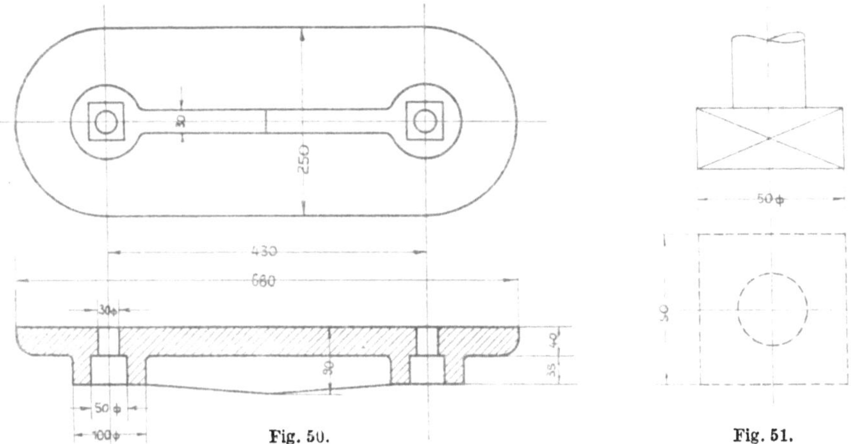

Fig. 50. Fig. 51.

wird (Fig. 52 und 52a). Außer diesen beiden allgemein gebräuchlichen Zeichen für die Kreis- und die Quadratgestaltung läßt sich
ein analoger Zusatz auch für rechteckige Querschnitte machen,
indem man das Maß der zur sichtbaren Rechteckseite senkrechten
Seite in Klammer beisetzt (Fig. 53). Weiter sei hier
auf eine einfache Kenntlichmachung der Ebenheit
von Flächen durch Einzeichnen eines dünnen Diago-
nalkreuzes nach Fig. 51 u. 53 hingewiesen. Hierdurch wird namentlich in den Fällen, wo auch eine
rundflächige Begrenzung in Frage kommt — z. B. bei
Bolzenköpfen, Spindelteilen, Hand-
radnaben u. a. m. — die Ebenflä-
chigkeit auf den ersten Blick bestimmt.

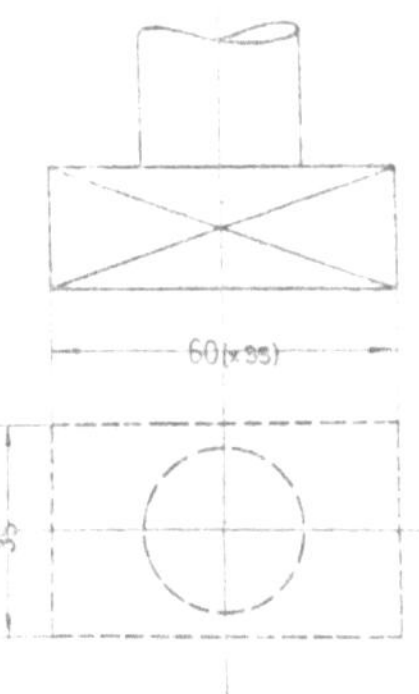

Fig. 53.

Fig. 52. Fig. 52a.

Gewisse Abweichungen von der
Regel, Schatten oder Schattie-
rungen auf Maschinenzeichnungen nicht anzubringen, können — aber
brauchen keineswegs — für die nachstehend aufgeführten andeutungs-
weisen Darstellungen gemacht werden, für die der Zeitaufwand in
keinem Mißverhältnis zu dem erzielten Eindruck der Körperlichkeit
steht:

1. in Form sog. Schattenkanten, d. i. durch stärkeres Ausziehen derjenigen Konstruktionslinien, die in der Zeichnung auf der unteren und auf der rechten Seite liegen. Man geht dabei von der Annahme aus, daß das Licht, das den Schatten wirft, von links oben auf den Körper fällt (und zwar unter einem Winkel von 45°), so daß die links

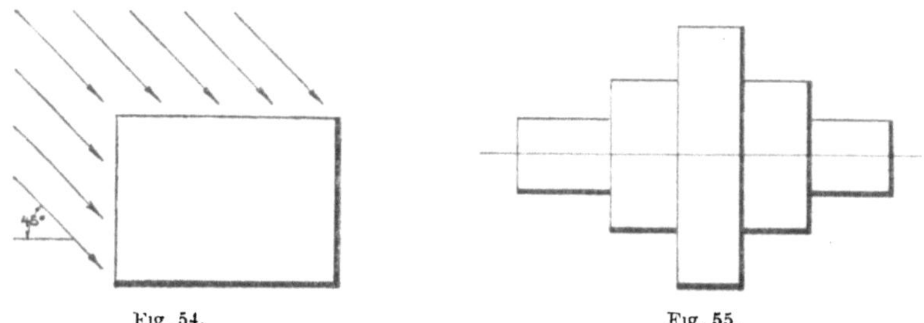

Fig. 54.   Fig. 55.

und die oben gelegenen Kanten beleuchtet — d. h. mit hellen oder, besser gesagt, dünnen Strichen — erscheinen, die rechts und die unten gelegenen dagegen beschattet werden — d. h., wie gesagt, mit dunklen, dicken Strichen erscheinen (Fig. 54 u. 55);

2. für den Schlagschatten rippen- oder wulstartig vorstehender Teile (z. B. Rohrflanschen, Zylinderdeckel, Wellenbunde u. dgl.), der, meist nur

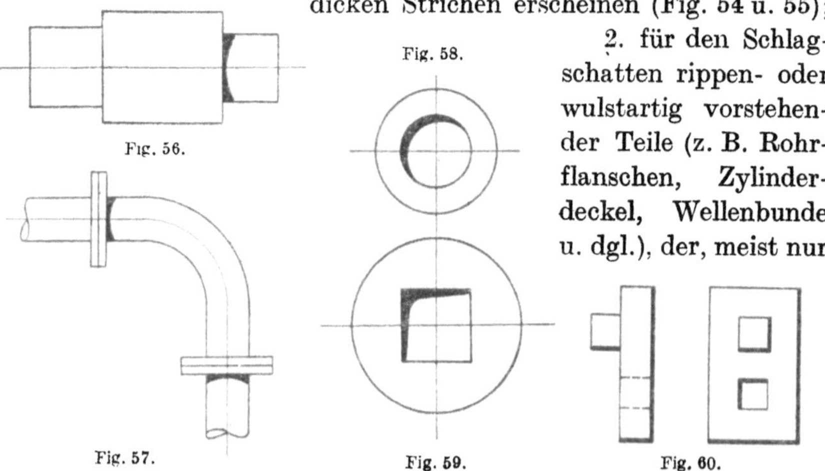

Fig. 56.

Fig. 58.

Fig. 57.   Fig. 59.   Fig. 60.

an wenigen Stellen vorkommend, schnell ausführbar ist und doch eine plastische Wirkung des Ganzen ergibt (Fig. 56 u. 57);

3. für Öffnungen nach Fig. 58 und 59. Es ist diese Darstellung gewissermaßen ja nur ein etwas verstärkter Ausdruck der unter 1) erwähnten Schattenkanten, aber auch ein gutes Mittel, um Erhöhungen schon auf den ersten Blick von Vertiefungen zu unterscheiden (Fig. 60);

4. für den Eigenschatten von Kugeln, der, im allgemeinen ja auch nur verhältnismäßig selten vorkommend, mittels weniger konzentrischer Kreisbögen mit zunehmendem Abstand (im beschatteten Teil der Kugeloberfläche) leicht und sicher zu zeichnen ist (Fig. 61).

Beschriftung. Wenn auch Gestalt und Größe des gezeichneten Gegenstandes aus der Zeichnung allein schon genau hervorgehen sollen, so enthält jede Maschinenzeichnung dennoch mehr oder weniger schriftliches Beiwerk, das das Verständnis für die Darstellung unterstützen oder bildlich nicht ausdrückbare Hinweise geben soll. Hierzu gehört — abgesehen von den Zahlenangaben der Maßlinien — zunächst die Bezeichnung des Gegenstandes, gewissermaßen als Überschrift oder Benennung des ganzen Zeichnungsblattes, zu der sich mitunter noch die Projektionsbezeichnungen der verschiedenen Ansichten und Schnitte als Einzelbenennungen der Figuren gesellen; sodann in der Regel die sog. Stückliste in Form einer tabellarischen Aufzählung der in der Zeichnung wiedergegebenen Einzelteile nach Anzahl und Material unter Wiederholung des an dem betreffenden Zeichnungsteil selbst angegebenen Bezugszeichens (Näheres darüber s. S. 35 u. Fig. 110), sowie unter Umständen erläuternde Zusätze, Bearbeitungsangaben od. dgl. bei diesem oder jenem Teil der Zeichnung.

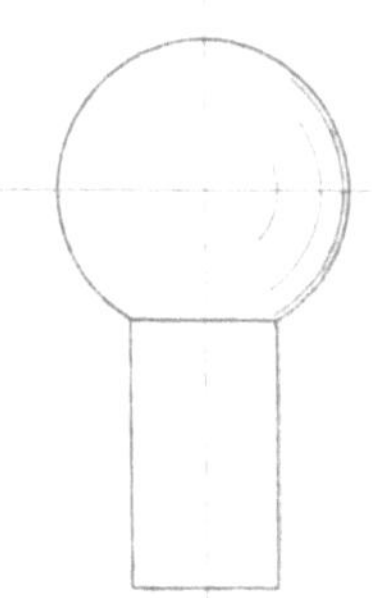

Fig. 61.

Außer dieser technischen Beschriftung hat jede Maschinenzeichnung für ihre leichte Einordnung und Auffindung noch eine Zeichnungsnummer als Registraturvermerk zu enthalten — zweckmäßig natürlich stets an derselben Stelle, z. B. in der oberen linken oder unteren rechten Ecke, um das Herausfinden aus einem Zeichnungsstoß zu erleichtern — sowie, in ihrer Eigenschaft als Dokument, Ort und Datum der Herstellung und den Namen des Verfertigers.

Ganz allgemein ist über Anbringung und Ausführung der Beschriftung zu sagen, daß sie so zu halten sind, daß die Zeichnung selbst dadurch in ihrem klaren Ausdruck nicht beeinträchtigt wird. Die Art und Weise, wie dieser Forderung im einzelnen zu genügen ist, läßt sich natürlich nicht in bestimmte Regeln fassen, vielmehr wird — soweit durch besondere Bestimmungen des Bureaus eine einheitliche Festlegung (z. B. für Anordnung und Ausbildung der Registraturvermerke) nicht getroffen ist — in jedem Einzelfall der gute Geschmack bzw. der Schönheitssinn des Maschinenzeichners die zweckmäßige Anbringung und Durchbildung der Beschriftung bewirken müssen. Beispielsweise wird die Größe der Schriftzeichen, ihr Abstand von der zu bezeichnenden Stelle u. dgl. sich nach der jeweiligen Menge und der Länge der Beschriftung, nach dem Maßstab bzw. der Zusammengesetztheit der Zeichnung, nach dem an jener Stelle gerade vorhandenen freien Raum u. a. m. richten müssen.

Anders verhält es sich mit der weiteren Forderung, daß die Beschriftung sich auch äußerlich dem technischen Eindruck einer Maschinenzeichnung anpassen soll. Dieser wird durch die Zusammensetzung der Zeichnung vorwiegend aus senkrechten und wagrechten Geraden sowie aus Kreisen und Kreisbogenstükken in charakteristischer Weise geschaffen. Hierzu aber würde eine gewöhnliche Schrift mit ihren Schnörkeln, Haken und unregelmäßigen Kurvenelementen zweifellos schlecht passen; sie würde den streng technischen Charakter der Zeichnung auch bei sorgfältiger Ausführung entstellen. Außerdem erscheinen die bei den gewöhnlichen Schriftarten vorkommenden Haarstriche nach dem Lichtpausen leicht undeutlich oder gar überhaupt nicht mehr. Auch die sog. Rundschrift, die früher als die alleinseligmachende für technische Zwecke galt, erfüllt meines Erachtens aus den gleichen Gründen die vorgenannte Bedingung nicht vollkommen, ganz abgesehen davon, daß ihre vollkommene Erlernung besondere Zeit und Mühe, ja sogar Talent oder doch wenigstens Geschick beansprucht. In unvollkommener Ausführung aber vermag sie selbst die beste Maschinenzeichnung zu verschandeln. Deshalb haben sich in neuerer Zeit für die Beschriftung technischer Zeichnungen mehr und mehr besondere Schriftarten Eingang verschafft, die, auch von Ungeübten leicht ausführbar, sich dem Charakter dieser Zeichnungen gut anpassen, und, nur aus Grundstrichen bestehend, auch auf Lichtpausen stets deutlich erscheinen. Als Beispiel einer solchen sei die in Fig. 62 wiedergegebene vorgeführt, deren Zeichen

Fig. 62.

im wesentlichen auch aus Senkrechten und Wagrechten bestehen und die deshalb, auch bei größerer Ausführung, leicht mit Reißschiene und Winkel genau herzustellen ist. Auch finden im Handel erhältliche Schriftschablonen für diese sog. Blockschrift mehr und mehr Verwendung. Für die kleineren, ja meistens vorkommenden Schriftgrößen können die Zeichen bei einiger Sorgfalt aber wohl von jedermann in genügend guter Form auch freihändig ausgeführt werden, wenn man sich nur für Einhaltung der gleichmäßigen Schrifthöhe durch zwei Bleistiftlinien einen Anhalt geschaffen hat. Dabei sind zur Erzielung einer gleichen Strichstärke die sog. Kugelspitzfedern besonders geeignet, die, in verschiedenen Spitzenbreiten erhältlich, zur Aufnahme einer größeren Tuschmenge und zur Vermeidung von Klecksen zweckmässig mit einer Überfeder zu gebrauchen sind.

Die senkrecht stehende Schrift dürfte vor der schrägstehenden außer durch die obengenannte Rücksicht noch deshalb den Vorzug verdienen, weil ihre freihändige gleichmäßige Ausführung eben durch die feststehende senkrechte Richtung ihrer Grundzüge — für die man überdies an den vielen senkrecht verlaufenden Konstruktions- und Hilfslinien einen guten Anhalt hat — zweifellos mehr gesichert ist, als dies bei schwankendem Neigungswinkel der Fall ist.

Bei der Schriftausführung, wenigstens auf Pauszeichnungen, sollen nach dem vorher Gesagten stets auch zu feine (Haar-) Striche vermieden werden, da diese durch das nachfolgende Lichtpausverfahren auf den Kopien leicht nicht mehr zum Vorschein kommen. Ferner vermeide man, Wörter, selbst in Überschriften, aus nur großen Buchstaben zusammenzusetzen, weil dadurch die leichte Lesbarkeit beträchtlich leidet (vgl. die Schreibweisen des Wortes „Lagerschalen" in Fig. 62).

Als einfaches Hilfsmittel zur augenscheinlichen Berichtigung von Ungenauigkeiten der Beschriftung in horizontaler Richtung ist die Unterstreichung der Schrift zu empfehlen, die dann aber grundsätzlich überall durchzuführen ist.

Über einen Zweig der Beschriftung, betreffend die Maßzahlen, der die allergrößte Wichtigkeit für Maschinenzeichnungen hat, mögen an dieser Stelle noch einige weitere, besonders zu beachtende Hinweise gegeben werden:

Da die körperliche Herstellung des auf der Maschinenzeichnung enthaltenen Gegenstandes grundsätzlich an Hand der Maßangaben

zu erfolgen hat — und nicht etwa, auch nicht stellenweise, durch
Abgreifen von der Zeichnung[1]) —, so müssen diese Maßangaben vor
allem so vollständig sein, daß über keine Abmessung Zweifel bestehen
können. Andererseits sollen aber auch keine unnötigen Wiederholungen von Maßzahlen in den verschiedenen Figuren vorkommen,
da hierdurch nicht nur eine Zeit- und Arbeitsvergeudung, sondern
auch eine Verundeutlichung der Zeichnung durch ein überflüssiges
Gewirr von Maßlinien und Zahlen verursacht wird (Fig. 110a).

Eine ähnlich störende Wirkung hat auch das übermäßige Herausziehen der Maßlinien (vgl. Fig. 30 und 30a). Ist solches aus irgend-
einem Grunde — z. B. aus Mangel an Platz für ein noch deutliches
Eintragen oder beim Einschreiben von Maximal- oder Minimal-
abmessungen (Fig. 25 u. 26) — vorzunehmen, so sind die längeren
Maßlinien weiter herauszuziehen als die kürzeren (Fig. 32), damit
verwirrende Überschneidungen der Hilfslinien (nach Fig. 110a) vermieden werden.

Sodann ist auf die Deutlichkeit der Maßzahlen natürlich ganz
besondere Sorgfalt zu verwenden, da durch eine mißverständliche
Maßzahl mitunter die ganze Ausführung gefährdet werden kann.
Aus diesem Grunde empfiehlt es sich z. B., die Eins stets mit einem
Punkte zu versehen, um deren etwaige Verwechslung mit der Sieben
sicher auszuschließen; ferner die Sechs und die Neun, falls sie nicht
in Verbindung mit anderen Ziffern vorkommen, sondern allein stehen,
durch Unterstreichen voneinander zu unterscheiden, womit die
Leserichtung festgelegt ist.

Im übrigen ist jedoch das Unterstreichen von Maßzahlen — im
Gegensatz zu den Worten — zu unter-
lassen. Es ist dies vielmehr mancher-
orts dann üblich, wenn die Maßzahl
der gezeichneten Abmessung nicht
mehr entspricht, wenn diese beispiels-

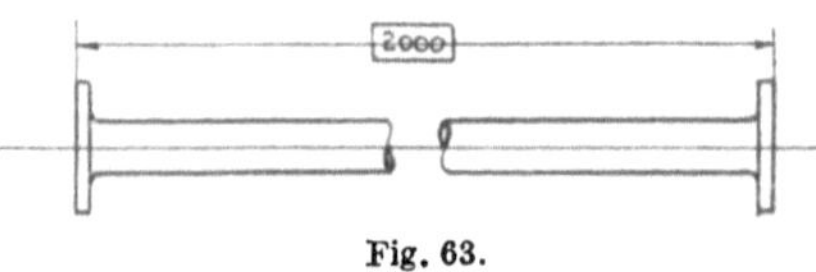

Fig. 63.

weise abgeändert worden ist, d. h. in Wirklichkeit größer oder kleiner ausgeführt werden soll, als gezeichnet. Besser ist in derartigen Fällen jedoch eine Umrahmung der Maßzahl (nach Fig. 63), da dies auch auf die
Zahl 6 oder 9 in unmißverständlicher Weise angewandt werden kann.

---

[1]) Weil diese, besonders infolge der nassen Behandlung beim Lichtpausen, sich
verzogen hat und ungenau geworden ist und ferner auch, weil durch wiederholtes
Abgreifen, namentlich mit dem Zirkel, die Zeichnung rasch beschädigt würde.

Außer den Einzelmaßen, die den Gestaltungsverlauf der Teile eines
Körpers bestimmen, werden in der Regel auch noch die Gesamtmaße
angegeben, die die sog. Baulänge, -höhe oder -breite des Körpers ausdrücken (Fig. 132). Es ist nun ganz selbstverständlich — aber dennoch
wird dagegen nicht selten gefehlt! —, daß das Gesamtmaß der Summe
der zugehörigen Einzelmaße gleich sein muß. Daher sei auch hierauf
die besondere Aufmerksamkeit des Maschinenzeichners gerichtet.

Endlich sei an dieser Stelle auch das für Ausbildung und Anordnung
der Maßlinien Gesagte — vgl. S. 19 — der Beachtung nochmals
empfohlen.

Stückliste. Einen wesentlichen Bestandteil der Beschriftung
einer Werkstattzeichnung bildet auch die sog. Stückliste. Sie ist
eine in Tabellenform gehaltene namentliche Zusammenstellung
sämtlicher in der Zeichnung vorkommenden einzelnen Teile, und
zwar unter Zusammenfassung gleicher Teile, mit Angabe deren
Anzahl und deren Material; gegebenenfalls auch des dafür zu ver-
wendenden Modelles oder sonstiger Bearbeitungszusätze (Fig. 110).
Diese Stückliste wird gewöhnlich in dem unteren Teil des Zeichnungsblattes angeordnet; es steht aber dem nichts entgegen, sie
unter Umständen auch an einer anderen freien Stelle des Blattes
unterzubringen. Die Zugehörigkeit der in der Stückliste aufgeführten
Teile zu den entsprechenden Stellen der Zeichnung kommt durch
Bezugzeichen zum Ausdruck, die hier wie dort angebracht sind.
Diese Zeichen sollen sich für eine schnelle Auffindung gut aus der
Zeichnung hervorheben, ohne indes übertrieben groß und plump zu sein
und dadurch die Zeichnung selbst zu stören. Diese Bedingung wird
dadurch gut erfüllt, daß man die Bezugzeichen medaillonartig ein-
rahmt und sie nach Möglichkeit aus der Konstruktion herauszieht
(Fig. 110). Um ein schnelles Auffinden der nach der Stückliste auf-
gegebenen Teile in der Zeichnung zu ermöglichen, können die in verschiedenen Figuren wiederkehrenden Teile dort überall mit den betreffenden Bezugzeichen versehen werden.

Maßstab. Unter dem Maßstab einer Zeichnung versteht man
das Verhältnis der Größe der Zeichnung eines Gegenstandes zur Größe
des wirklichen, ausgeführten oder auszuführenden Gegenstandes;
oder mit anderen Worten: Die Bruchzahl, die angibt, wieviel mal
kleiner oder größer der gezeichnete Gegenstand als dessen körperliche
Ausführung ist oder werden soll. (Zum Beispiel Maßstab 1 : 5 heißt:

Der Körper ist in Wirklichkeit fünfmal so groß, wie er gezeichnet ist.)

Bei allen Maschinenzeichnungen ist nun der Maßstab — von ganz wenigen Ausnahmefällen abgesehen — ein sog. Verkleinerungsmaßstab, d. h. die Zeichnung stellt den Gegenstand verkleinert dar; der Maßstab ist ein echter Bruch. Der Maßstab ist indes nicht beliebig zu wählen, vielmehr hat sich der Gebrauch nur ganz bestimmter Maßstäbe eingebürgert: 1:1 oder n. Gr. (natürliche Größe), 1:5, 1:10, 1:50, 1:100; erstere besonders bei Detailzeichnungen, letztere bei Zusammenstellungszeichnungen. Durch diese Beschränkung auf nur wenige, dafür aber häufig wiederkehrende Maßstäbe wird naturgemäß das Vorstellungsvermögen bei der Beurteilung der Konstruktion bzw. der Abmessungen außerordentlich gebildet.

Der Maßstab der verschiedenen Figuren auf einem Zeichnungsblatte braucht nicht unbedingt der gleiche zu sein. Es kommt z. B. des öfteren vor, daß bei sonst wohl gleichem Figurenmaßstab ein komplizierterer Teil größer herausgezeichnet oder daß eine Zusammenstellung mehrerer Einzelteile in kleinerem Maßstabe aufgezeichnet wird. In solchen Fällen muß aber stets der veränderte Maßstab der betreffenden Figur deutlich beigesetzt sein, um selbst bei oberflächlicherer Betrachtung falsche Vorstellungen über die Abmessungen nicht aufkommen zu lassen.

Vereinfachte Darstellungen. Die für das rationelle Maschinenzeichnen — d. i. zweifelfreie Darstellung mit geringstem Aufwand — maßgebende Rücksicht läßt den größtmöglichen Gebrauch vereinfachter Darstellungen natürlich besonders erstrebenswert erscheinen. Diese lassen sich, um ein allgemein bekannteres Vergleichsbeispiel heranzuziehen, gewissermaßen mit den sog. Siegeln der Stenographie vergleichen, durch deren Benutzung die Leistungsfähigkeit des Schreibers in ähnlichem Maße erhöht wird, wie die des Zeichners durch Anwendung der abgekürzten Darstellungen. Solche werden natürlich um so wertvoller und zweckdienlicher sein, je häufiger einesteils die vereinfacht darzustellenden Gebilde vorkommen und je schwieriger anderenteils deren genaue Aufzeichnung sein würde. Derartige Maschinenteile sind vor allem die Schrauben, die Federn und die Zahnräder; auch Ketten, Lager und Rohrleitungen können unter Umständen dazu gezählt werden. Die Gegenüberstellung der genauen und der angenäherten Darstellung wird den durch letztere jeweils erzielten Gewinn an Zeit und Arbeit ohne weiteres erkennen lassen.

Schrauben.

Darstellung des Gewindes. Der wesentlichste Teil aller Schrauben, das Gewinde, ist ein in seiner körperlichen Form und seiner zeichnerischen Darstellung so kompliziertes Gebilde, daß die selbst nur angenähert genaue zeichnerische Wiedergabe auch nur einer einzigen Ausführung sehr viel Zeit und Mühe verursachen würde. Die Fig. 64a und 65a zeigen beispielsweise eine solche Darstellung mit der Fülle der Projektionskurven für scharfgängiges

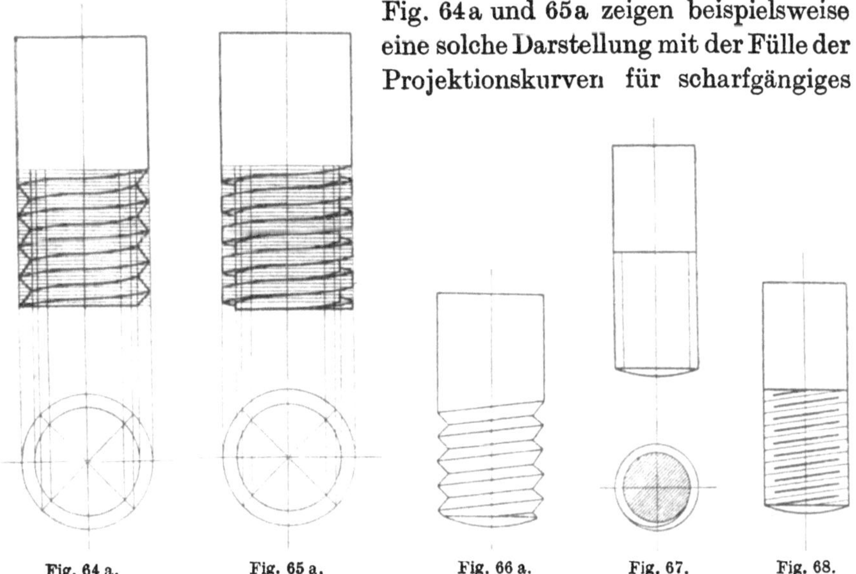

Fig. 64 a.   Fig. 65 a.   Fig. 66 a.   Fig. 67.   Fig. 68.

bzw. für flachgängiges Gewinde; sie läßt wohl ohne weiteres erkennen, daß eine solche Darstellung bei der Menge der auf den allermeisten Maschinenzeichnungen vorkommenden Schrauben und Schräubchen geradezu ein Ding der Unmöglichkeit wäre und deshalb für das Maschinenzeichnen überhaupt nicht in Betracht kommt (auch nicht eine Annäherung etwa nach Fig. 66a). Aber auch die vereinfachten Darstellungen, die sich für Schrauben mehr oder weniger eingebürgert haben, können nicht alle als gleichwertig bezeichnet werden. Als einfachste und zweckmäßigste erscheint die in Fig. 67 wiedergegebene, während die z. B. nach Fig. 68 gebräuchliche in der Herstellung zeitraubender ist, ohne im übrigen mehr zu besagen. Es stellt sich bei ihr erfahrungsgemäß auch leicht ein, daß das Gewinde durch die Schräglinien zu steil oder zu eng, also dem wirklichen Verlauf widersprechend ausfällt.

Durch die Darstellung des Gewindes mittels beiderseitiger Doppellinien nach Fig. 67 u. 69 — wobei die beiden äußeren als Begrenzung des äußeren Durchmessers, die beiden inneren als Begrenzung des inneren Durchmessers des Schraubengewindes gedacht sind — sind unter zusätzlicher Angabe der Zollgröße und der Gewindelänge, wie in Fig. 69 gezeichnet, alle übrigen Verhältnisse des Gewindes und des Schraubenzubehörs als Normalien vollkommen bestimmt (vgl. die beistehende Schraubentabelle[1]).

Maschinenschrauben (m. Whitworth-Gewinde). Fig. 73.

Äußerer Gewinde-durchmesser		Kern-durch-messer	Anzahl d. Gewinde-gänge auf einen Zoll engl.	Höhe der Mutter	Höhe des Kopfes	Schlüssel-weite	Unterlegscheibe		Splint-durch-messer
							Durch-messer	Dicke	
d		k		H	h	S	D	s	b
engl. Zoll	mm	mm		mm	mm	mm	mm	mm	mm
$^1/_4$	6,4	4,7	20	6	4	13	20	1,5	—
$^5/_1$	7,9	6,1	18	8	6	16	21	1,5	—
$^3/_8$	9,5	7,5	16	10	7	19	25	2	4
$^7/_{16}$	11,1	8,8	14	11	8	21	29	2	4
$^1/_2$	12,7	10,0	12	13	9	23	32	2,5	5
$^5/_8$	15,9	12,9	11	16	11	27	35	3	5
$^3/_4$	19,1	15,8	10	19	13	33	43	4	6
$^7/_8$	22,2	18,6	9	22	15	36	50	4	6
1	25,4	21,3	8	25	18	40	55	4	7
$1^1/_8$	28,6	23,9	7	29	20	45	58	4	7
$1^1/_4$	31,8	27,1	7	32	22	50	65	5	8
$1^3/_8$	34,9	29,5	6	35	24	54	70	5	9
$1^1/_2$	38,1	32,7	6	38	27	58	78	6	9
$1^5/_8$	41,3	34,8	5	41	29	63	84	6	10
$1^3/_4$	44,5	37,9	5	44	32	67	88	7	10
$1^7/_8$	47,6	40,4	$4^1/_2$	48	34	72	93	7	10
2	50,8	43,6	$4^1/_2$	51	36	76	98	8	—
$2^1/_4$	57,2	49	4	57	40	85	110	9	—
$2^1/_2$	63,5	55,4	4	64	45	94	121	9	—
$2^3/_4$	69,9	60,6	$3^1/_2$	70	49	103	134	10	—
3	76,2	66,9	$3^1/_2$	76	53	112	145	12	—

[1]) Es sei darauf hingewiesen, daß die sog. „Normung" — d. i. die Vereinheitlichung aller einfachen industriellen Erzeugnisse, die sich häufig wiederholen und

Gasrohre (m. Whitworth-Gewinde). Fig. 74.

Lichter Rohrdurchmesser d		Äußerer Gewinde-durchmesser K	Kerndurchmesser k	Zahl der Gewinde-gänge auf einen Zoll engl.
Zoll engl.	mm	mm	mm	
$^1/_8$	3,2	9,7	8,6	28
$^1/_4$	6,4	13,2	11,4	19
$^3/_8$	9,5	16,7	15,0	19
$^1/_2$	12,7	21,0	18,6	14
$^5/_8$	15,9	22,9	20,6	14
$^3/_4$	19,1	26,4	24,1	14
$^7/_8$	22,2	30,2	27,9	14
1	25,4	33,3	30,3	11
$1^1/_8$	28,6	37,9	34,9	11
$1^1/_4$	31,8	41,9	39,0	11
$1^3/_8$	34,9	44,3	41,4	11
$1^1/_2$	38,1	47,8	44,9	11
$1^5/_8$	41,3	51,3	48,4	11
$1^3/_4$	44,5	52,0	49,0	11
2	50,8	59,6	56,7	11
$2^1/_2$	63,5	76,2	73,3	11
3	76,2	88,5	85,6	11

Die sehr einfache Schraubendarstellung nach Fig. 67 kann außer für scharfgängiges Gewinde, das die weit überwiegende Anzahl der Schrauben aufweist, auch für flachgängiges Gewinde gebraucht werden.

überall in der gleichen Form und den gleichen Abmessungen hergestellt werden können — künftig sicherlich auch noch auf eine große Reihe anderer Maschinenteile bei uns ausgedehnt werden wird. Die schwierige Wirtschaftslage der deutschen Industrie nach dem Kriege wird diese Maßnahmen zum Zwecke größtmöglicher Verringerung der Selbstkosten unumgänglich machen. Der „Normenausschuß der deutschen Industrie" hat die notwendigen Vorarbeiten bereits weitgehend gefördert und dabei zweckmäßigerweise auch die maschinentechnischen Zeichnungen einbegriffen — ein Beweis dafür, wie hoch auch von dieser maßgebenden Seite der Wert und der Einfluß einheitlichen, einfachen Maschinenzeichnens für die Wirtschaftlichkeit industriellen Schaffens eingeschätzt wird. Die diesbezüglichen Festsetzungen und Entwürfe decken sich, soweit bisher bekannt geworden, in der Hauptsache mit den auch in diesem Buche gegebenen; für die wenigen Abweichungen — wie bei Ausführung der Mittellinien (nicht in Strichpunktart, sondern als zusammenhängende Linien) und der Gewindelinien (nicht als gestrichelte Linien, sondern gleichfalls als ausgezogene Linien), Bevorzugung der geraden statt der schrägen Beschriftung — erschienen dem Verfasser die dafür angeführten Gründe hinreichend genug.

In diesem Fall kann zum sofortigen Kenntlichwerden der abweichenden
Gewindeart ein Stück des flachgängigen Gewindeprofiles nach Fig. 70
eingezeichnet werden; außerdem ist die für solches noch erforderliche
Angabe der Anzahl der Gänge f. d. Zoll Gewindelänge beizusetzen.
Bei Gasrohrgewinde fügt man zu der Zollangabe noch „G.-G." (d. i.
Gasgewinde) hinzu. (Diese Angaben wiederholen sich übrigens ge-
wöhnlich in der Stückliste, wo man sie zum Aufgeben der einzelnen
Teile doch bequem zur Hand haben soll.)

Soviel über die Ansichten der Schraubengewinde, zweifellos die
Mehrzahl der vorkommenden Darstellungen. Längsschnitte werden
durch die gewöhnlichen Schrauben, d. h. Ge-
windebolzen mit vollem Querschnitt, nach
dem früher Gesagten (S. 27) ja nie gelegt.
Bei Längsschnitten durch Hohlgewinde, wobei vereinfachte Gewindedarstellung mittels

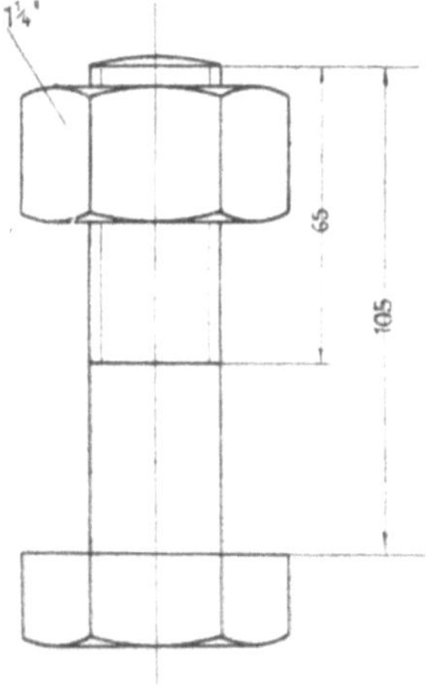

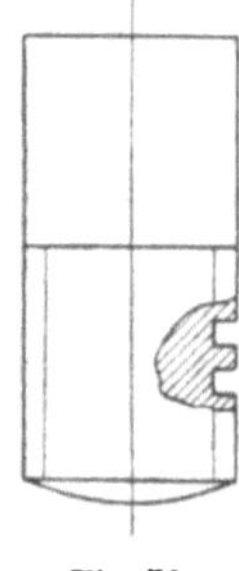

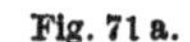

<table>
<tr><td>Fig. 69.</td><td>Fig. 70.</td><td>Fig. 71 a.</td></tr>
</table>

paralleler Linien nach Fig. 71a zu einer falschen Vorstellung leichter
Anlaß geben kann, ist die Darstellung nach Fig. 48 deshalb vorzu-
ziehen. Ist ein Schnitt quer durch das Gewinde zu führen, so kann
die Schnittfigur in gleichfalls vereinfachter Weise nach Fig. 67 gezeichnet werden, und zwar gleichartig für scharf- und für flachgängiges Gewinde.

Darstellung der Muttern und Köpfe. Die Körperform
der normalen Schraubenmutter ist ein regelmäßiges sechskantiges
Prisma, dessen obere und untere Begrenzungen in der Regel außen
kegelig oder kugelig abgedreht sind und das innen natürlich mit
dem Gewinde des zugehörigen Schraubenbolzens versehen ist. Nach
den Ergebnissen der darstellenden Geometrie zeigt sich Vorderansicht und Draufsicht eines solchen Durchdringungskörpers in der

durch die Fig. 72 bzw. Fig. 73 veranschaulichten Form (Abmessungen
und infolgedessen auch Maßlinien werden aber nicht eingeschrieben;

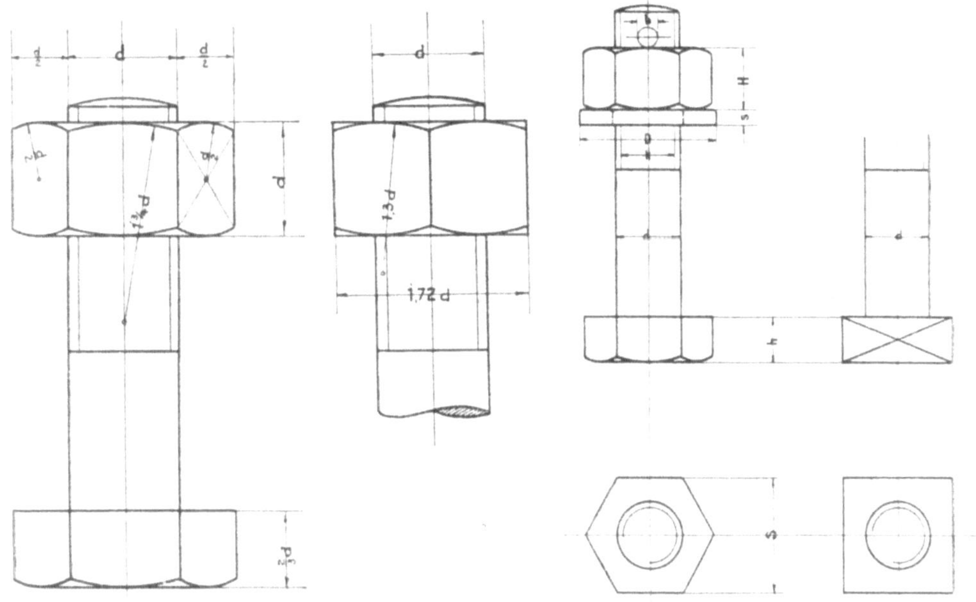

Fig. 72.   Fig. 73.

sie dienen in der beistehenden Figur lediglich zur informatorischen
Bezeichnung üblicher Abmessungen!). Betreffend die zeichnerische
Herstellung der Draufsicht s. auch Fig. 7 u. 8.

Auf Grund eben der feststehenden Gestaltung der Schraubenmuttern und auch der
-köpfe (das sind die am unteren Ende der
Schraubenbolzen festen Sechskant- oder auch
Vierkantabschlüsse), deren Aufzeichnung, wie
ersichtlich, immerhin nicht ganz einfach ist,
sind folgende Vereinfachungen für deren maschinenzeichnerische Wiedergabe anwendbar:

bei kleinfigürlichen Aufzeichnungen können
die Abrundungskreisbogen fortgelassen werden (Fig. 75);

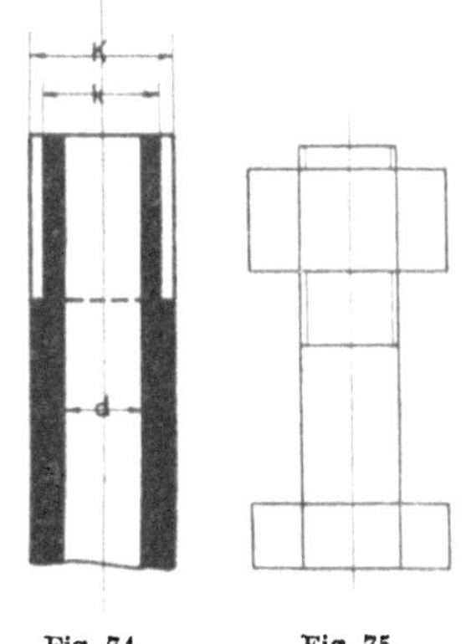

Fig. 74.   Fig. 75.

man kann in allen Figuren mit ein und derselben Ansicht der
Mutter arbeiten, wenn auch, streng genommen, nach der jeweiligen

Projektion statt der Vorderansicht die Seitenansicht oder umgekehrt zu zeichnen wäre;

soweit nicht zum Verständnis und zur Beurteilung der Konstruktion erforderlich, kann die zeichnerische Wiedergabe der Muttern und Köpfe überhaupt fortgelassen werden. Man kann und soll namentlich beim Vorhandensein einer größeren Anzahl gleichartiger Schrauben (bei Deckeln, Flanschen u. dgl.) mit der Aufzeichnung einer einzigen sich begnügen, für die übrigen dagegen es bei der Angabe der Achse bzw. des Bolzenquerschnittes oder, unter Fortlassung selbst dieses, nur des Loches bewenden lassen (Fig. 110 u. 133).

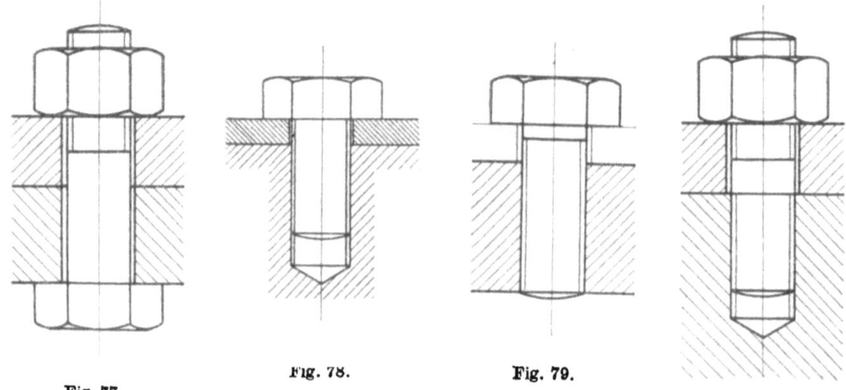

Fig. 76.

Bei einer großen Zahl verschiedenartiger Schrauben, wie sie vor allem bei Eisenkonstruktionen vorkommen, ist die schematische Kennzeichnung derselben zweckmäßig an Hand einer besonderen Tabelle oder Erläuterung

Fig. 77.

Fig. 78.

Fig. 79.

Fig. 80.

vorzunehmen. Das gleiche Vorgehen ist sinngemäß auch für Vernietungen anzuwenden (vgl. Fig. 76).

Ein besonderer Hinweis scheint erfahrungsgemäß noch für die richtige Darstellung der häufigst vorkommenden Schraubenarten angebracht zu sein: die Mutterschraube (Fig. 77), die Kopfschraube (Fig. 78 u. 79) und die Stiftschraube (Fig. 80). Bei ihnen verstößt der Anfänger oft sowohl gegen die Ausbildung der Lochwandungen,

die an den glatten Teilen des Bolzens noch Spiel zeigen sollen, als
auch gegen die Endausbildung des Muttergewindes, das entsprechend

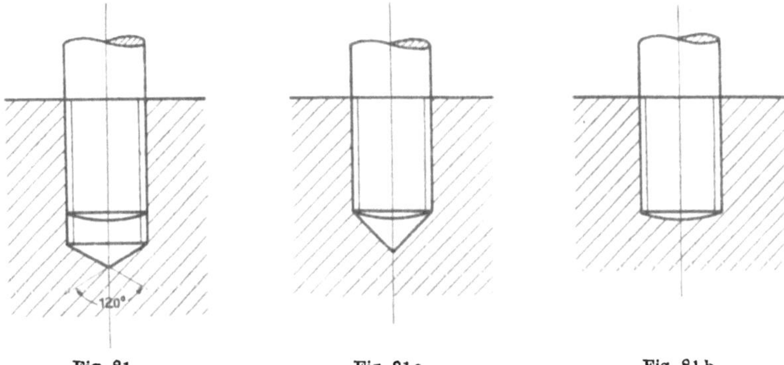

Fig. 81.   Fig. 81a.   Fig. 81b.

der Spiralbohrerspitze nach Fig. 81, und nicht nach Fig. 81a oder gar
Fig. 81b zu zeichnen ist, wie es Anfänger gern tun.

Federn.

Wie bei den Schrauben, so würde auch bei den Schraubenfedern
die genaue Aufzeichnung des tatsächlichen Körperverlaufes sehr zeitraubend und unrationell sein. Man bedient sich deshalb auch hierfür
einer vereinfachten Darstellung der Schraubenlinienprojektionen derart, daß man entweder in Ansicht die Kurven durch schräglaufende
Gerade ersetzt (Fig. 82 oder 83, bei nur schematischer Wiedergabe
nach Fig. 84) oder, was wohl noch häufiger und leichter geschieht, im
Längsschnitt durch die Feder nur die Querschnitte der Stabwindungen
als Kreise, Quadrate oder Rechtecke (je nach dem Profil des Feder-
materials) wiedergibt. Diese Darstellungsart ist in allen den zahlreichen
Fällen angebracht, wo die Feder um eine Achse oder Spindel gelegt ist
(Fig. 85 oder 86).

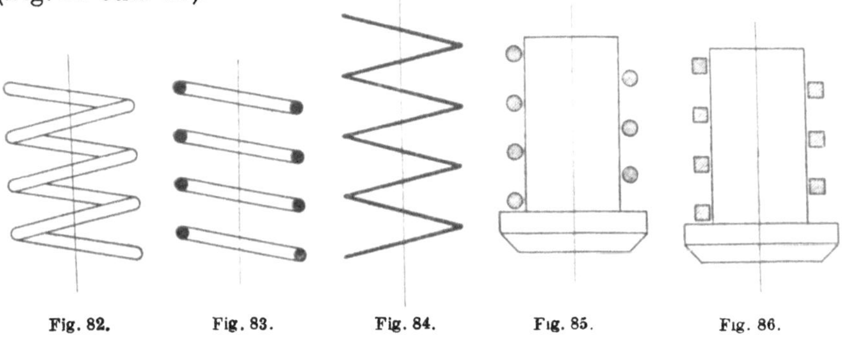

Fig. 82.   Fig. 83.   Fig. 84.   Fig. 85.   Fig. 86.

Zahnräder.

Auch bei diesen ist die selbst nur angenähert genaue Darstellung der Verzahnung recht langwierig und zeitraubend, wie Fig. 87a erkennen läßt. Die für deren Wiedergabe infolge dessen gebräuchlichen Vereinfachungen bestehen nun darin, daß man

bei Vorderansichten die Verzahnung nur durch den sog. „Teilkreis" — einen etwa durch die Mitte der Höhe der einzelnen Zähne (welch letztere durch Kopf- und Fußkreis begrenzt wird) laufenden Kreis — andeutet, und zwar, nach allgemein üblichem Gebrauch, in strichpunktierter

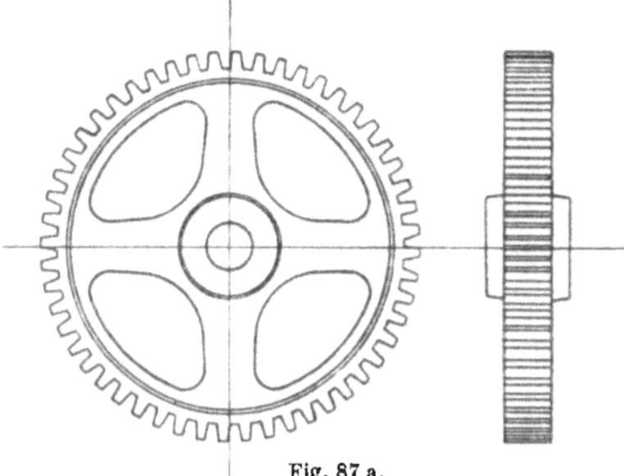

Fig. 87 a.

Ausführung (Fig. 88). Die Teilkreise zusammenarbeitender Zahnräder berühren sich stets;

bei Seitenansichten die gegen die Zeichenebene zunehmende Neigung der Zähne durch von der Mitte nach außen enger werdende Parallellinien andeutet (Fig. 89). Diese Linien bedeuten nicht etwa eine Schattierung, wegen des gewölbten Verlaufes des Radkranzes, sondern sie sind eine andeutungsweise Projektion der

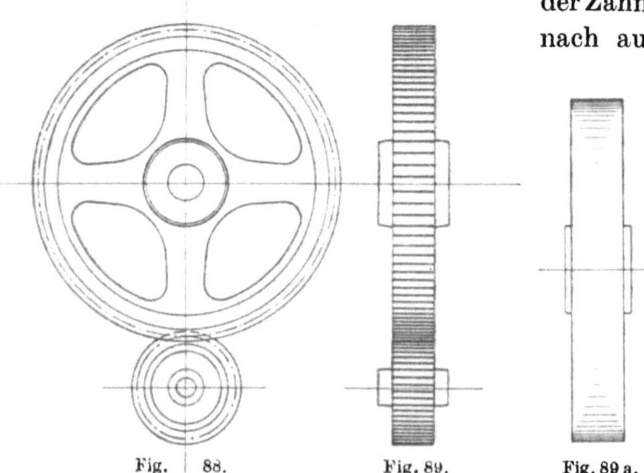

Fig. 88.   Fig. 89.   Fig. 89 a.

Zahnkanten, nach freier Schätzung, aber doch in möglichst symmetrischem Abstand von der zugehörigen Achse eingezeichnet. (Die Wölbungsschattierung eines glatten Scheibenkranzes würde gegebenenfalls — z. B. bei Projektzeichnungen — eben zur Unterscheidung von einem Zahnrade mit der Schraffur nach Fig. 89a anzugeben sein.)

Bei Querschnittsangaben von Zahnrädern ist die an anderer Stelle
(S. 27) erwähnte Regel zu beachten, daß der Schnitt weder durch
den Zahn noch durch den Arm zu führen ist, so daß diese selbst

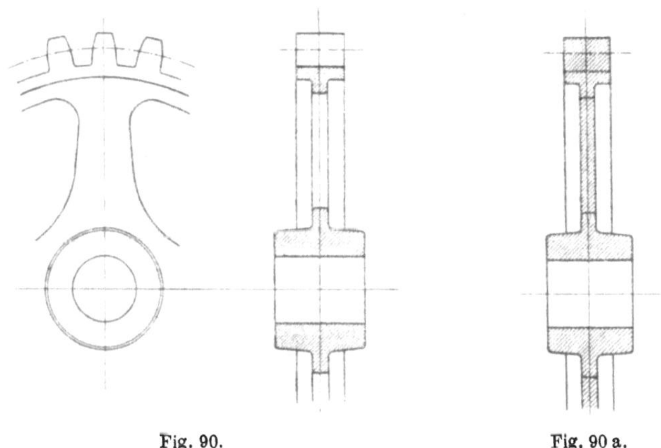

Fig. 90. Fig. 90 a.

nicht auch im Schnitt, sondern nur in der Ansicht zu zeichnen sind
(Fig. 90 und 90a).

Wie für die im Vorstehenden zu den Beispielen herangezogenen

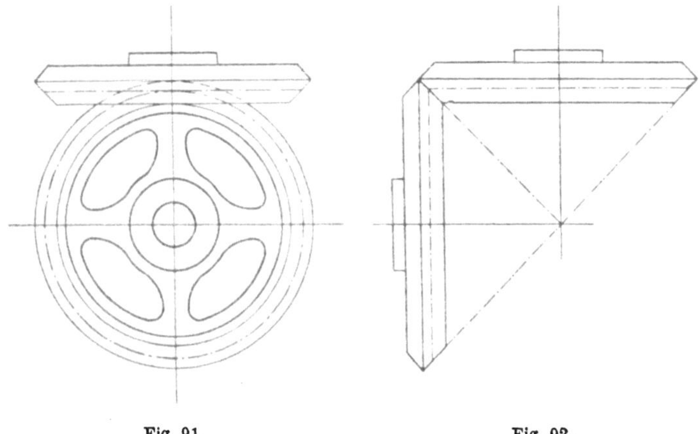

Fig 91. Fig. 92.

Stirnräder gelten diese zeichnerischen Abkürzungsmethoden auch
für die Kegelräder (Fig. 91 u. 92). In allen Fällen ist jedoch Wert
darauf zu legen, daß außer der Kranzbreite auch die Nabenlänge der
Wirklichkeit entsprechend wiedergegeben werden, damit der Raum-
bedarf gegenüber benachbarten Teilen festgestellt ist.

Bei nur ganz schematischen Darstellungen von Zahnrädern (Stirn- und Kegelrad- sowie Schneckengetrieben) ist eine zeichnerische Beschränkung lediglich auf Teilkreise und Achsen nach den Fig. 93 bis 96 üblich. In der Seitenansicht ist für Schräg- und für Winkelzähne eine Andeutung nach Fig. 97 bzw. 98 zu geben.

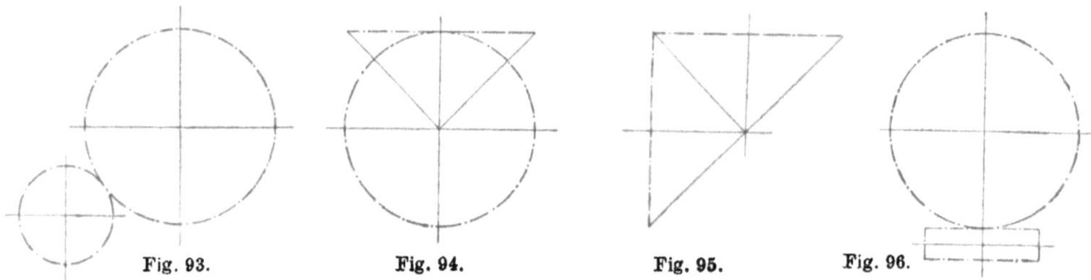

Fig. 93.   Fig. 94.   Fig. 95.   Fig. 96.

Die Vereinfachung der Zahnraddarstellung nach Fig. 99a und 100a hat den Nachteil, daß sie eine Verwechslung mit andersartigen Kraftübertragungsmitteln leichter ermöglicht (Riementrieben, Reibrädern). Ganz unnachahmenswert aber erscheint der hin und wieder

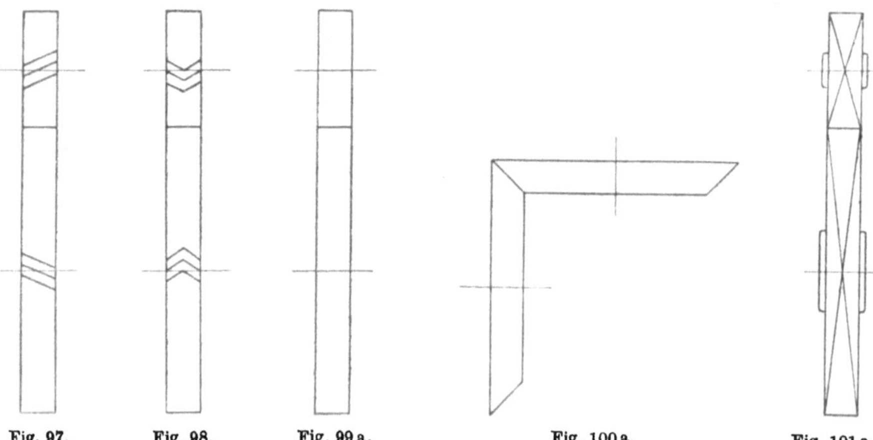

Fig. 97.   Fig. 98.   Fig. 99a.   Fig. 100a.   Fig. 101a.

geübte Gebrauch von Diagonalkreuzen (nach Fig. 101a), weil diese nach fast allgemeinem maschinenzeichnerischen Gebrauch gerade das Gegenteil des vorliegenden Falles kennzeichnen, nämlich die ebene Beschaffenheit der bekreuzten Fläche (vgl. S. 29).

Ketten.

Die Zweckmäßigkeit einer vereinfachten Wiedergabe von Ketten beim Maschinenzeichnen ist vor allem darin begründet, daß die

Kettenglieder, deren Aufzeichnung an sich schon nicht einfach ist
(Fig. 102), fast stets in großer Anzahl vorkommen und dadurch
den Aufwand an Arbeit und
Zeit für ein naturgetreues Aufzeichnen vervielfachen würden.
Überdies sind die Abmessungen
der Kettenglieder im Maßstab der
Zeichnung meist so klein, daß
ihre saubere Wiedergabe doppelt
schwierig ist.

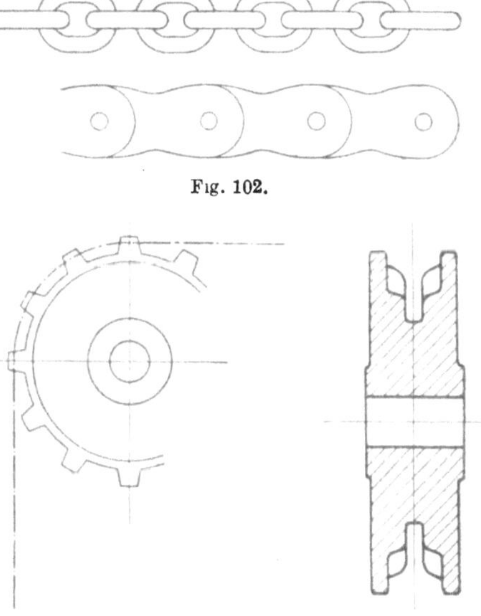

Fig. 102.

Die vereinfachte Darstellung
von Ketten — Gliederketten (gewöhnliche sowie kalibrierte) sowie
Laschenketten — und auch von
Seilen begnügt sich in der Regel
damit, daß der Verlauf des Zug-
organes durch eine strichpunktierte Linie angegeben wird. Die
Art der Kette ist dadurch kenntlich, daß nur das Endglied der-

Fig. 103.   Fig. 104.

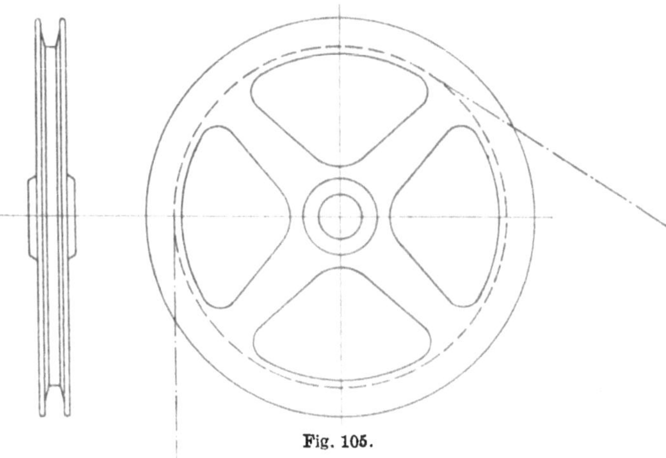

Fig. 105.

selben mit ein oder zwei weiteren Gliedern eingezeichnet wird. Im Fall,
daß ein Bewegungsorgan die Kettenart erkennen läßt, genügt auch
die strichpunktierte Andeutung des Ketten- oder Seilverlaufes allein
(Fig. 103—105). In beiden Fällen aber wird ein schriftlicher Zusatz, auch

in der Stückliste, über die Dimensionierung der Kette Aufschluß zu geben haben.

Lager, Leitungen, Armaturen.

Kommen auf einer Zeichnung Wellen- oder Rohrleitungen mit meistens einer größeren Zahl von Lagern, Ventilen, Schiebern oder sonstigen gleichartigen Armaturen vor, die fertig bezogen oder nach besonderer Zeichnung hergestellt werden, so kann für sie eine abgekürzte Darstellung nach Fig. 106 und 107 gewählt werden. Dabei ist an

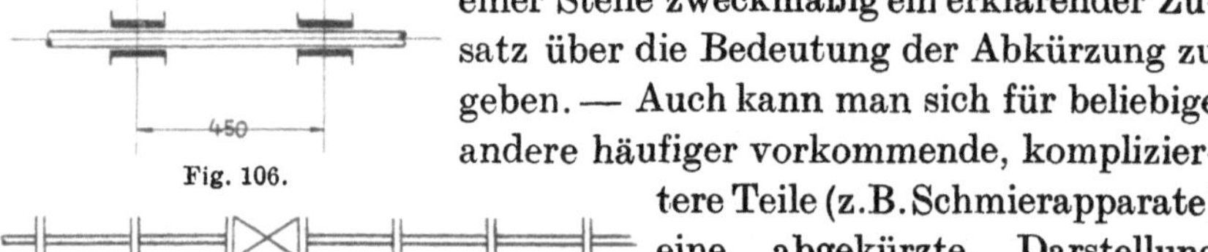

Fig. 106.

Fig. 107.

einer Stelle zweckmäßig ein erklärender Zusatz über die Bedeutung der Abkürzung zu geben. — Auch kann man sich für beliebige andere häufiger vorkommende, kompliziertere Teile (z. B. Schmierapparate) eine abgekürzte Darstellung selbst bilden — etwa in Form eines Kreuzes, Sternes od. dgl. —, den Teil an einer Stelle genauer wiedergeben, ihn an den übrigen Stellen aber nur durch jenen Hinweis andeuten.

Abbrechungen.

Zu den abgekürzten Darstellungen im eigentlichsten Sinne sind endlich noch die „Abbrechungen" von Körpern mit langgestrecktem und gleichartigem Formverlauf (z. B. Stangen, Hebel, Balken u. ä.) zu zählen, für die eine Aufzeichnung in ganzer Länge einen unnötigen oder gar unmöglichen Platz auf der Zeichnung erfordern würde. Die Bruchstelle kann nach Fig. 108 auf die Querschnitts-

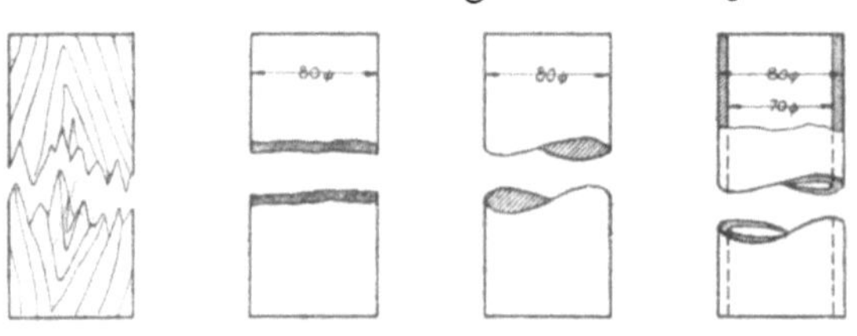

Fig. 108.

Fig. 109.

gestaltung hindeuten, falls nicht für eine erforderliche Bemessung des Querschnittes dieser, etwa nach Fig. 109, genau einzuzeichnen ist.

Im allgemeinen soll man sich jedoch bemühen, die Bruchstellen nicht zu auffällig und störend in die Erscheinung treten zu lassen.

Nachdem in den bisherigen Ausführungen das Wissenswerteste über die rationelle Anfertigung von Maschinenzeichnungen in Wort und Bild und in steter Gegenüberstellung von gut und schlecht behandelt worden ist, sollen die Fig. 110a und 110 an dem Beispiel einer einfachen vollständigen Werkstattzeichnung das Gesagte zum großen Teil bildlich noch einmal zusammenfassen.

Fig. 110a zeigt in einer Häufung von bei Anfängern beliebten Verstößen gegen die Regeln des Maschinenzeichnens und unzweckmäßiger Ausführung, wie es nicht gemacht werden soll: Darstellung und Anordnung der Figuren, Wahl und Ausbildung der Maßzahlen, Ausführung der Linien und der Beschriftung und anderes mehr ist falsch oder schlecht, aber doch so wiedergegeben, wie es der maschinenzeichnerisch Ungeschulte erfahrungsgemäß sehr oft zu tun versucht ist.

Fig. 110 dagegen ist die unter Beobachtung der Regeln des Maschinenzeichnens vorgenommene Ausbildung der entsprechenden Werkzeichnung.

Die Fig. 111 bis 115 sollen den Gang der Herstellung der Zeichnung für das Ausziehen in Tusche veranschaulichen. Hierbei sind also zuerst alle Kreisbogen und Kurvenstücke zu ziehen, an die dann die Übergangs-Geraden sich leicht und genau tangential anschließen lassen. Geht man umgekehrt vor, zieht man von den Übergängen also zuerst die Geraden und setzt dann die Bogen an, so entstehen trotz langwierigen Tastens bekanntermaßen meist unschöne, eckige Übergänge. (Für alle Fälle empfiehlt es sich übrigens, in den Bleistiftzeichnungen, die später ausgezogen oder gepaust werden sollen, die Mittelpunkte aller Kreisbogen grundsätzlich durch einen Nullkreis zu kennzeichnen, eben damit das richtige Nachziehen schnell und verläßlich erfolgen kann, ohne daß man erst durch das lästige probeweise Zirkelansetzen Zeit zu verlieren und das Zeichenblatt zu zerstechen braucht.) Nach dem Ausziehen der gekrümmten Linien folgen die geraden, zweckmäßig wieder gruppenweise derart, daß erst alle Konstruktionslinien gleicher Stärke und dann alle Hilfslinien gleicher Stärke ausgezogen werden; jede Gruppe womöglich in der Reihenfolge, daß sämtliche horizontalen und sämtliche vertikalen hintereinander behandelt werden. Analog ist endlich die Anbringung der Maßpfeile und das Einschreiben der Maßzahlen hintereinander vorzunehmen, wobei für letzteres die an anderer Stelle

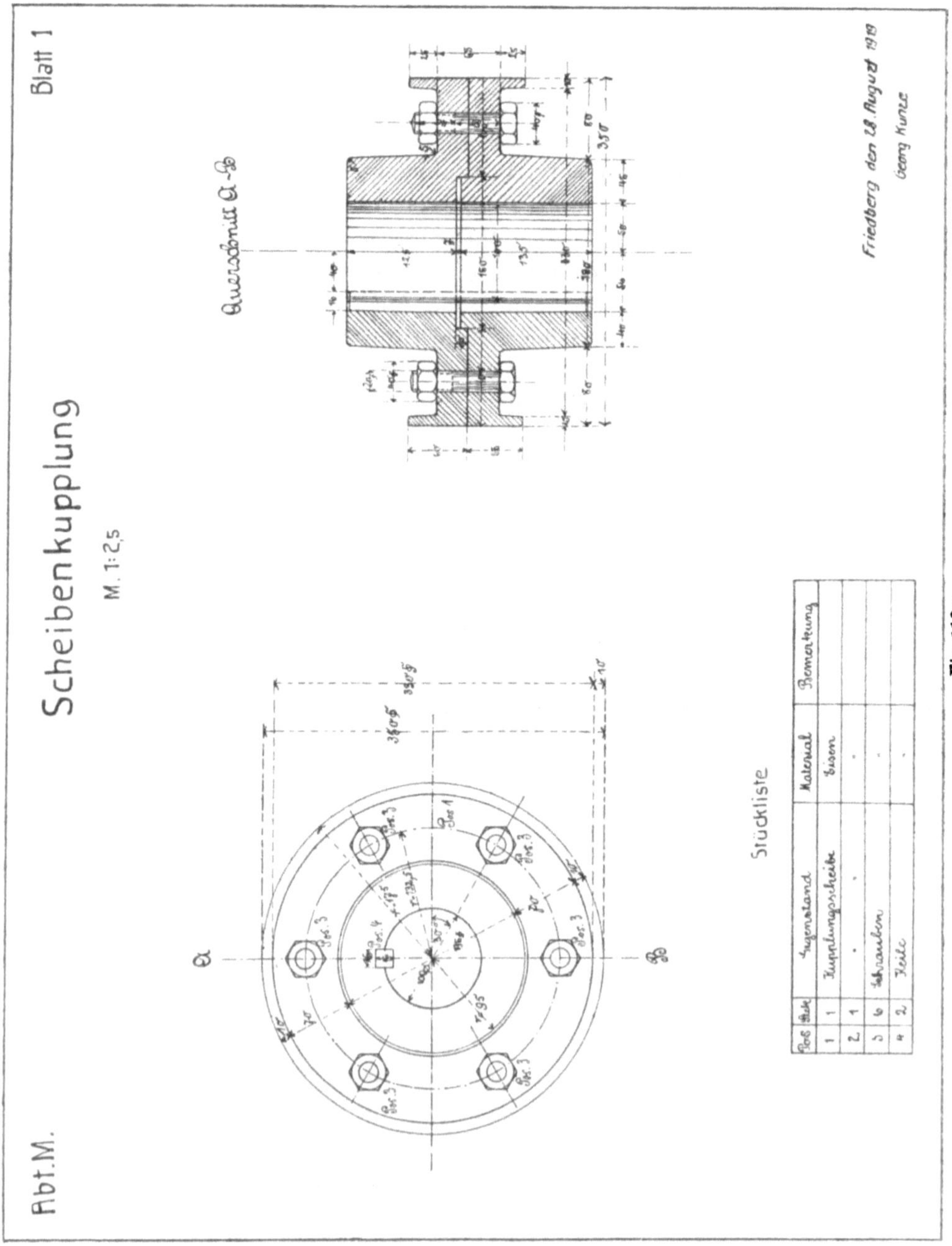

Abt. M.
Scheibenkupplung
M. 1:2,5
Blatt 1
Querschnitt A–B
Stückliste
Friedberg den 28. August 1919
Georg Kuntz
Fig. 110 a.

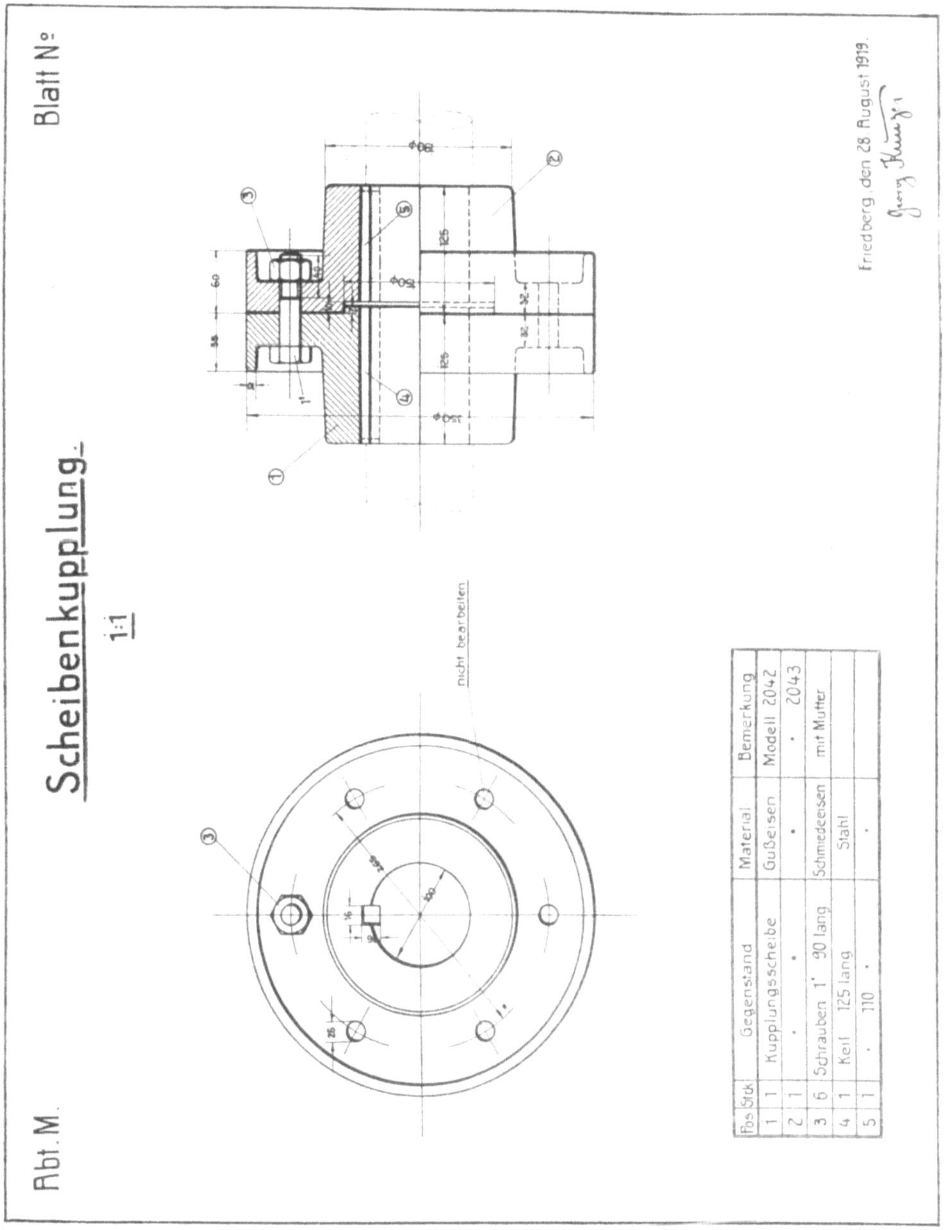

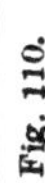

Abt. M.
Scheibenkupplung.
1:1
Blatt No
nicht bearbeiten
Pos Stck Gegenstand Material Bemerkung
1 1 Kupplungsscheibe Gußeisen Modell 2042
2 1 " " " " 2043
3 6 Schrauben 1" 90 lang Schmiedeeisen mit Mutter
4 1 Keil 125 lang Stahl
5 1 " 110 " "
Friedberg, den 28. August 1919.

Fig. 110.

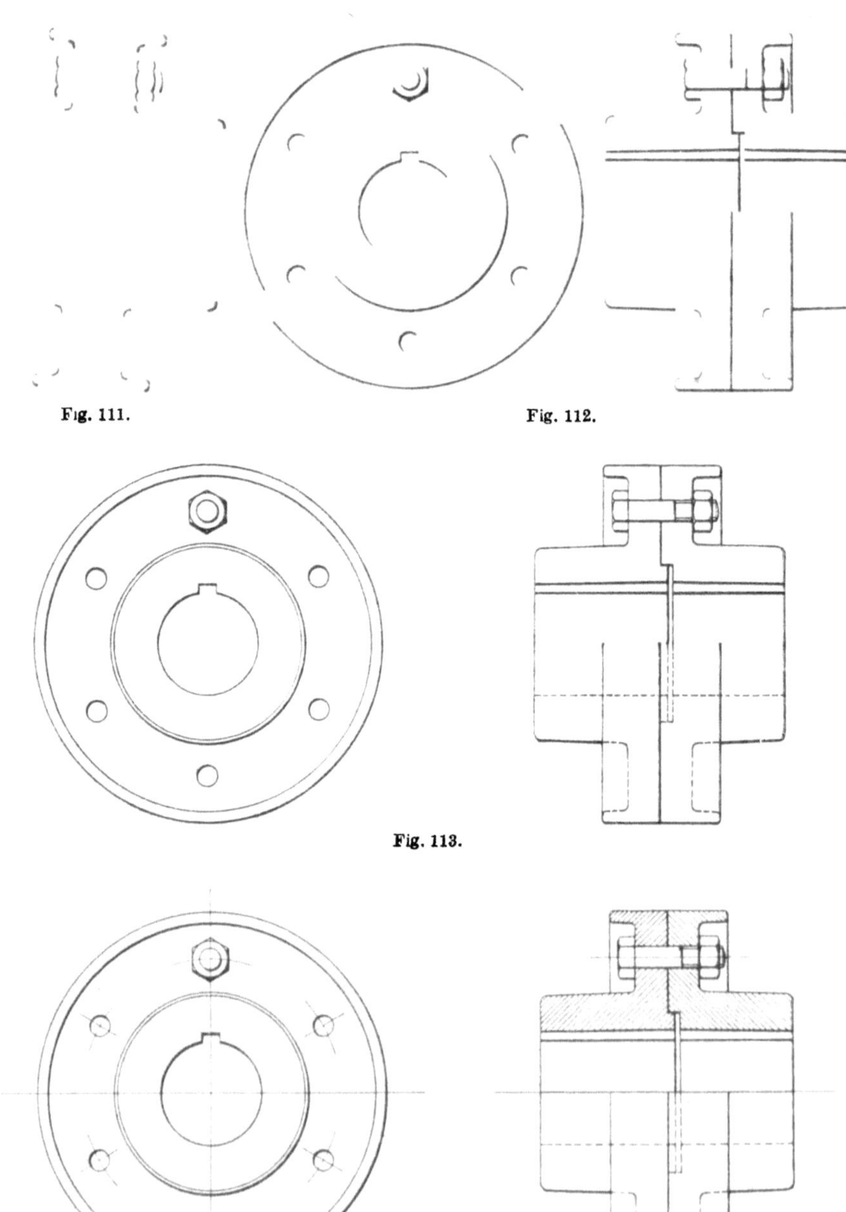

Fig. 111.   Fig. 112.

Fig. 113.

Fig. 114.

(S. 69) gegebene Richtschnur zu beachten ist. Auf diese systematische Weise dürfte das ordnungsgemäße Ausziehen einer Zeichnung zugleich mit dem geringsten Zeitaufwand vorgenommen werden können.

Projektzeichnungen (Offert- oder Angebotzeichnungen).

Die bei derartigen Zeichnungen in der Regel anzustrebende besondere Leichtanschaulichkeit der Darstellung kann außer durch die Hinzunahme solchen Beiwerkes, das die betriebliche Benutzung des geplanten oder angebotenen Gegenstandes zeigt, besonders noch durch Schattengebung (Schattenlinien, Eigen- und Schlagschatten) und durch Farbengebung erreicht werden. Letztere kommt natürlich nur bei Schwarzweiß-Zeichnungen — d. h. bei Originalzeichnungen oder bei Weißpausen, aber nicht bei Blau- oder bei Braunpausen — zu voller Wirkung, soll sich aber, wie auch die Schattenangabe, nicht zu aufdringlich äußern. Die Nachbildung des Wirklichkeitseindruckes wird wesentlich dadurch gefördert, daß auch die Ansichtsflächen mit der entsprechenden

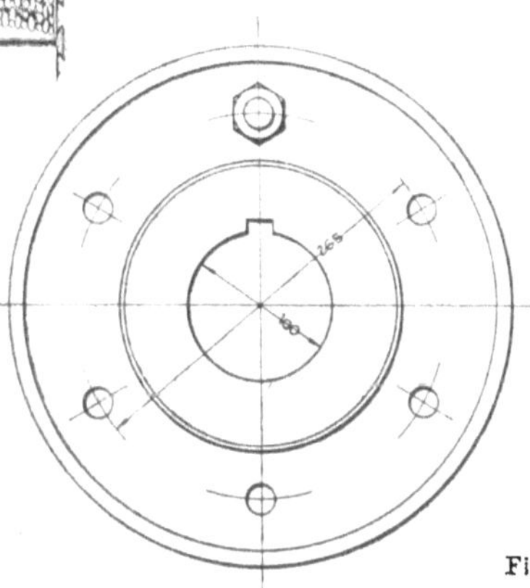

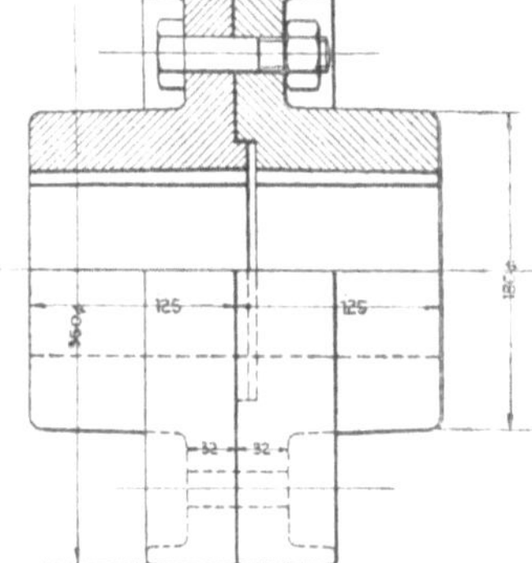

Fig. 115.

Materialfarbe angelegt werden, jedoch in ganz zarter, heller Tönung, während Querschnittsflächen dunkler zu halten sind (zur Vermeidung des Fleckigwerdens zweckmäßig durch mehrmaliges Überdecken mit dem hellen Ton der Ansicht herzustellen). Bei kleinmaßstäblichen Eisen- oder Holzkonstruktionen, bei denen die einzelnen Stäbe nur durch einfache Striche schematisch wiedergegeben sind (Fig. 116) und deshalb nicht angelegt werden können, kann man die ganze vom Gitterwerk eingenommene Fläche hellfarbig anlegen, wodurch die Konstruktion sich als solche gleichfalls gut abhebt.

Da die Projekt- oder die Offertzeichnung nicht unmittelbar auch als Werkzeichnung, d. h. für die werkstattmäßige Ausführung verwendet wird, so sollen ins einzelne gehende Maßzahlen vermieden

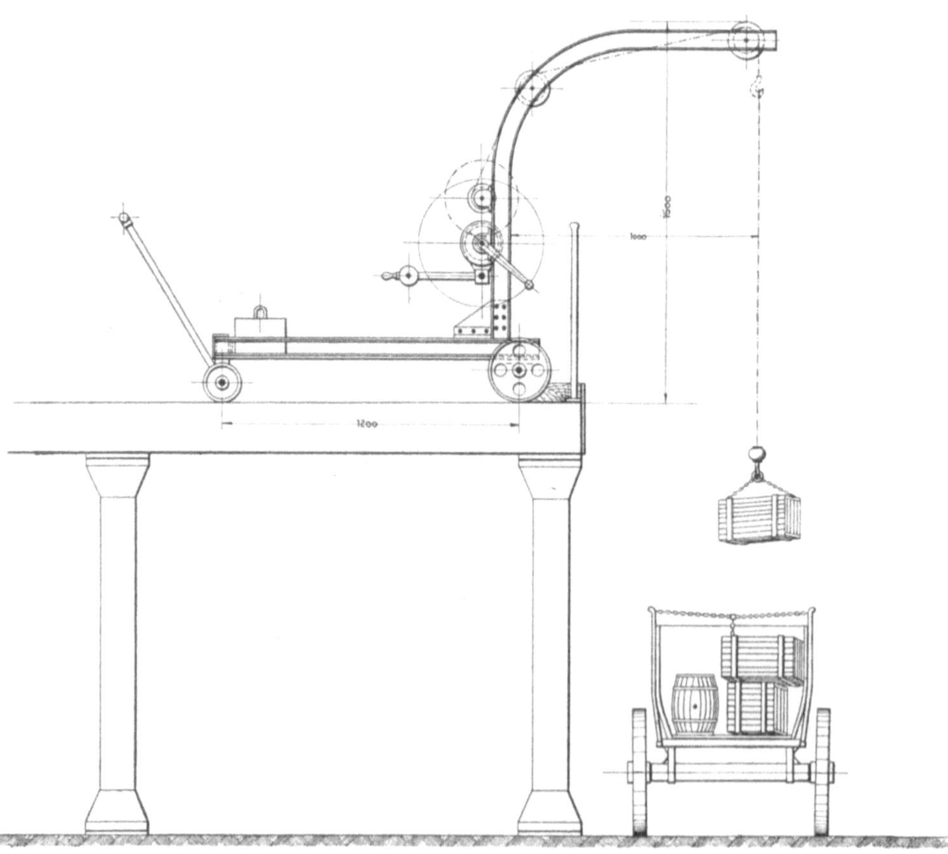

Fig. 117.

werden, weil sie das Gesamtbild nur störend beeinflus-
sen würden. Soweit Maße
überhaupt als wünschens-
wert erachtet werden, sind
sie vielmehr vernunftgemäß
auf das zu beschränken,
was zur Beurteilung der betreffenden Anlage im gan-
zen dienlich ist: in der Regel die Gesamtmaße (Bau-
länge, -breite und -höhe) bzw.
die Hauptmaße
(von Mitte bis
Mitte Hauptach-
se, Lager, Öff-
nung oder son-
stiger wichtiger
Einzelheiten der
Anlage wie Aus-
ladung, Spur-
weite, Radstand
u. dgl.; vgl. Fig.
117). Handelt es
sich bei dem Projekt um
einen Einbau in Vorhande-
nes, so sind meist zweck-
mäßig auch die zur Ver-
fügung stehenden Einbau-
maße anzugeben, da deren
ausdrückliche Berücksich-
tigung bei dem Empfänger
begreiflicherweise ver-
trauenerweckend wirken
wird. — Mitunter ist auch
die Eintragung von Pfeilen
zur Kennzeichnung der Be-
wegungsrichtung wichtiger

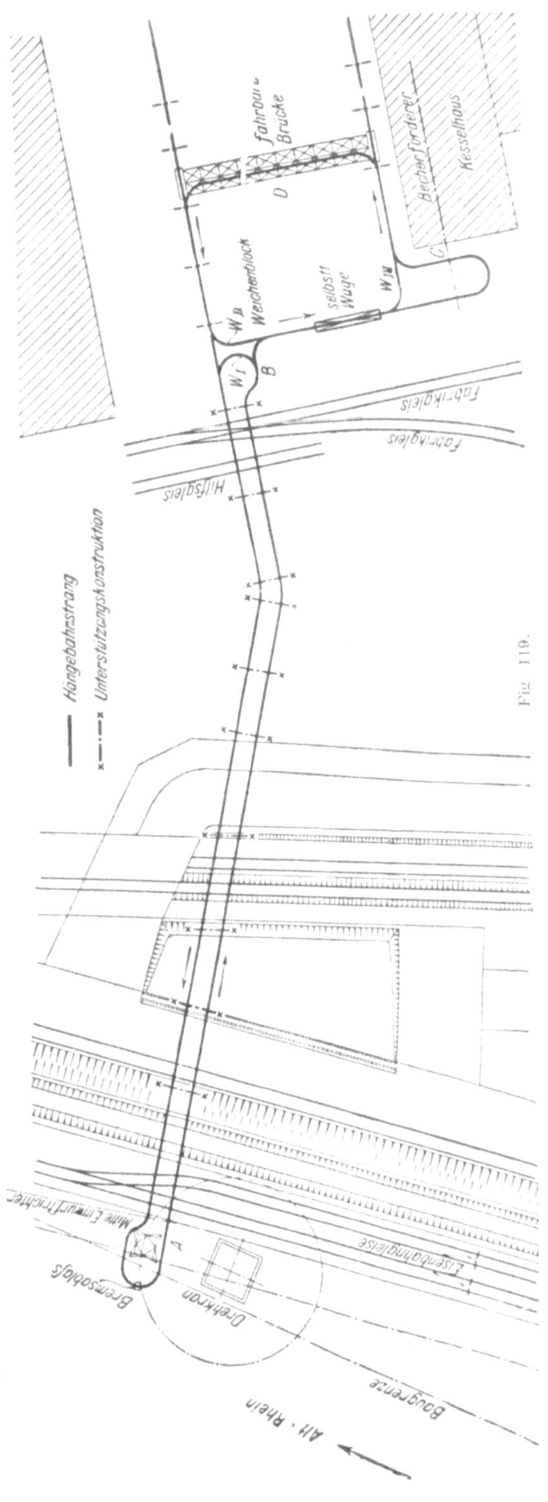

Fig. 118

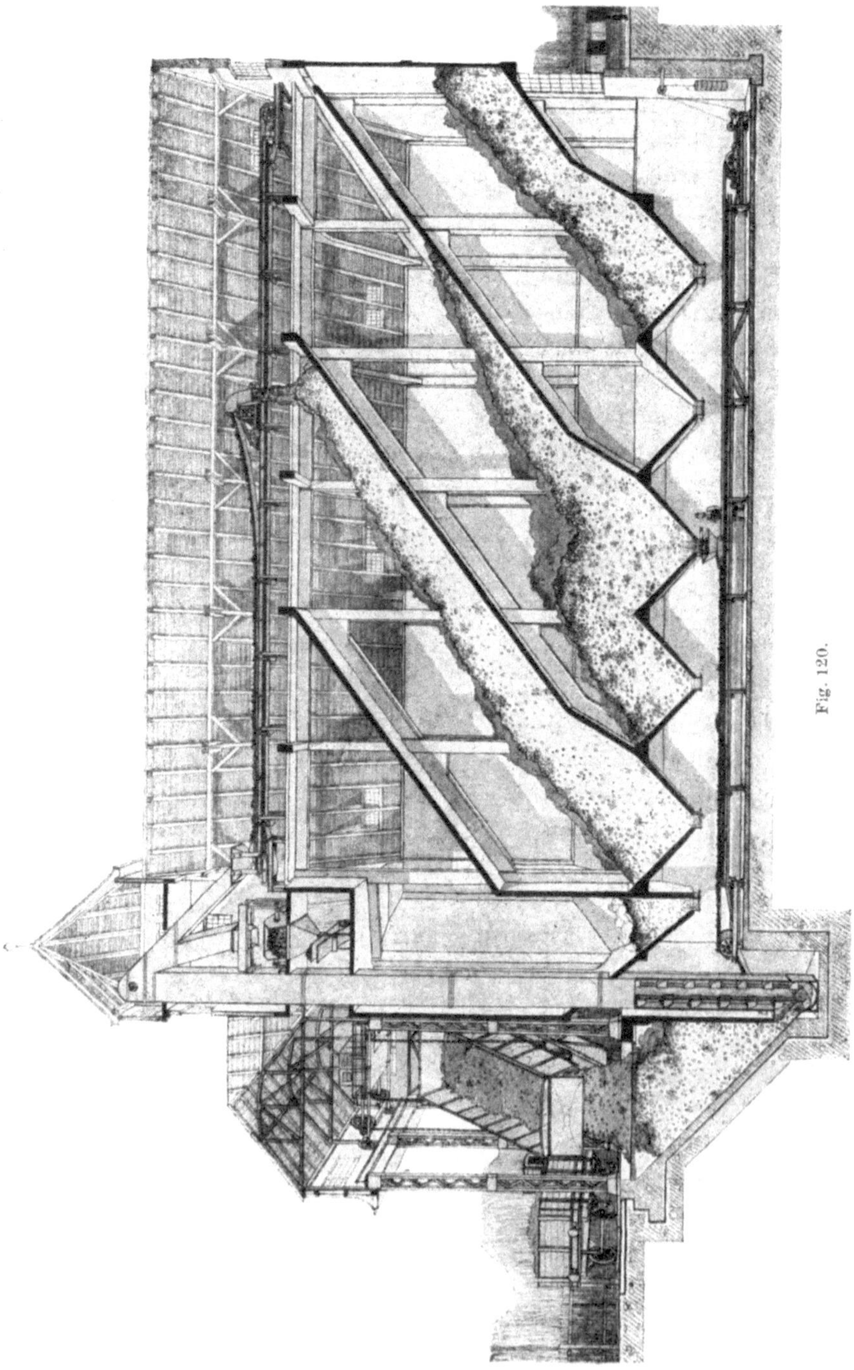

Fig. 120.

Maschinenteile bzw. des Arbeitsganges der ganzen Anlage zu empfehlen, wodurch mit einfachstem Mittel — vgl. dazu Fig. 118 — das Verständnis für die betriebliche Benutzung der gezeichneten Anlage oft wesentlich unterstützt werden kann (Fig. 119).

Der Zweck leichter Veranschaulichung auch für Nichtsachverständige läßt u. U. auch die perspektivische Darstellung — etwa nach Fig. 120 — gerade für Projekt- oder Offertzeichnungen als besonders geeignet erscheinen.

Für eine gelegentliche Sonderbestimmung solcher Zeichnungen wird sich deren Durchbildung selbstverständlich nach diesem besonderen Zweck richten müssen. Es werden diesfalls z. B. auch

Fig. 121.

Einzelheiten gezeichnet und mit Maßen versehen oder bestimmte Teile besonders hervorgehoben werden können u. dgl. m.

Im allgemeinen gilt für die in Rede stehende Art von Zeichnungen mehr noch als für andere, daß auch die äußere Durchführung sauber, sorgfältig und ansprechend sein soll. Diese Forderung ergibt sich aus dem werbenden Charakter der Offertzeichnung ja von selbst. Die Rücksichten auf rationelle Anfertigung, die für Werkstattzeichnungen maßgebend sind, treten hier in den Hintergrund, solche auf auch äußerlich wirkungsvollen Eindruck in den Vordergrund. Dieses Streben kann bis zur Verwendung besonderer Zierschriften, zur Anbringung bildartiger Einrahmungen u. dgl. m. gehen (Fig. 121).

Die zur Veranschaulichung dieser Zeichnungsart dienenden Figuren, die für die Druckwiedergabe allerdings nur in Schwarz gehalten sein konnten, zeigen in Fig. 117 einen Handkran in einer gerade für das vorliegende Angebot besonders in Betracht kommenden Benutzungsweise, in Fig. 116 eine Schiffsladeanlage, deren Bildbetrachtung eine lebhafte Vorstellung der Betriebsweise ermöglicht, in Fig. 119 den Grundriß einer Lagerplatzbedienungsanlage, deren kreisläufige Arbeitsweise aus den Bewegungspfeilen und Worterklärungen überzeugend erkennbar ist; in Fig. 120 endlich die Füllung und Leerung eines Silogebäudes durch verschiedene Lade- und Fördervorrichtungen in einer perspektivischen Darstellung, die durch ihre klare und sorgsame Behandlung zweifellos besonders einnehmend wirkt.

Patentzeichnungen.

In sachlicher, inhaltlicher Beziehung hat sich die Patentzeichnung zunächst nach deren Hauptbestimmung zu richten, das Wesen der Erfindung (in Anlehnung an die Patentbeschreibung) an einem Ausführungsbeispiel zu veranschaulichen. Sie hat sich daher zweckmäßig auf das zur Klarstellung der Erfindung Erforderliche zu beschränken; dazu überflüssiges Beiwerk ist auch in der zeichnerischen Darstellung als störend zu vermeiden. Die Patentzeichnung hat aber auch in formaler, äußerlicher Beziehung eine Reihe von Anforderungen zu erfüllen, die sich aus der Rücksicht auf ihre amtliche Weiterbehandlung ergeben. Die für die beiden übereinstimmenden Ausfertigungen — eine Haupt- und eine Nebenzeichnung — einer jeden Patentzeichnung seitens des Patentamts erlassenen Bestimmungen besagen:

a) Für die Hauptzeichnung ist weißes, starkes und glattes Zeichenpapier, sog. Kartonpapier, für die Nebenzeichnung Zeichenleinwand zu verwenden.

Das Blatt der Hauptzeichnung soll 33 cm hoch und 21 cm breit sein. In Ausnahmefällen ist, falls die Deutlichkeit es erfordert, ein Blatt in der Höhe von 33 cm und in der Breite von 42 cm zulässig. Die Nebenzeichnung muß bei beliebiger Breite 33 cm hoch sein. Für die Hauptzeichnung wie für die Nebenzeichnung ist die Verwendung mehrerer Blätter zulässig.

b) Die Figuren und Schriftzeichen sind in tiefschwarzen, kräftigen, scharf begrenzten Linien auszuführen. Auf der Hauptzeichnung sind Querschnitte entweder tiefschwarz anzulegen oder durch Schrägstriche in tiefschwarzen Linien zum Ausdruck zu bringen. Ist zur Darstellung unebener Flächen ausnahmsweise eine Schattierung erforderlich, so darf sie ebenfalls nur in tiefschwarzen Linien ausgeführt werden. Die Anwendung bunter Farben ist bei der Hauptzeichnung unzulässig.

Alle auf den Zeichnungen angebrachten Schriftzeichen müssen einfach und deutlich sein. Die Hauptzeichnung muß sich zur photographischen Verkleinerung eignen[1]).

c) Die einzelnen Figuren müssen durch einen angemessenen Zwischenraum voneinander getrennt sein.

d) Die Figuren sind nach ihrer Stellung fortlaufend und ohne Rücksicht auf die Anzahl der Blätter mit Zahlen zu versehen[2]).

e) Erläuterungen sind in die Zeichnung nicht aufzunehmen. Ausgenommen sind kurze Angaben wie „Wasser", „Dampf", „Schnitt nach A B", sowie Inschriften, die auf den dargestellten Gegenständen angebracht werden sollen, z. B. „offen", „zu".

f) In der rechten unteren Ecke jedes Blattes ist der Name des Anmelders anzugeben.

g) Die Hauptzeichnungen dürfen weder gefaltet noch gerollt werden, sondern sind in glattem Zustande vorzulegen.

Da die Patentzeichnung bestimmungsgemäß nicht zur Anfertigung des dargestellten Gegenstandes, wie die Werkstattzeichnung, dient, so sind sinngemäß auch die für letztere so unentbehrlichen Maßzahlen und -linien oder auch Stücklisten u. ä. fortzulassen. In weiterer Folge davon sind auch die Mittellinien als nicht daseinsberechtigt bei der Patentzeichnung fortzulassen. Der Veranschaulichungszweck kann bei ihr unter Umständen natürlich auch durch eine perspektivische Darstellung — etwa nach Art der Fig. 19a — vollkommen erfüllt werden.

Die Fig. 122 und 122a sollen in der Gegenüberstellung eines und desselben für die Patentanmeldung und für die Werkstattherstellung gezeichneten Gegenstandes die äußerlichen Verschiedenheiten beider Zeichnungsarten in die Erscheinung treten lassen.

---

[1]) D. h. auch die Deutlichkeit der in vorgenannter Art ausgeführten Zeichnung soll an allen Stellen genügend groß sein, um gegebenenfalls noch eine Verkleinerung zu vertragen.

[2]) D. h. zu numerieren.

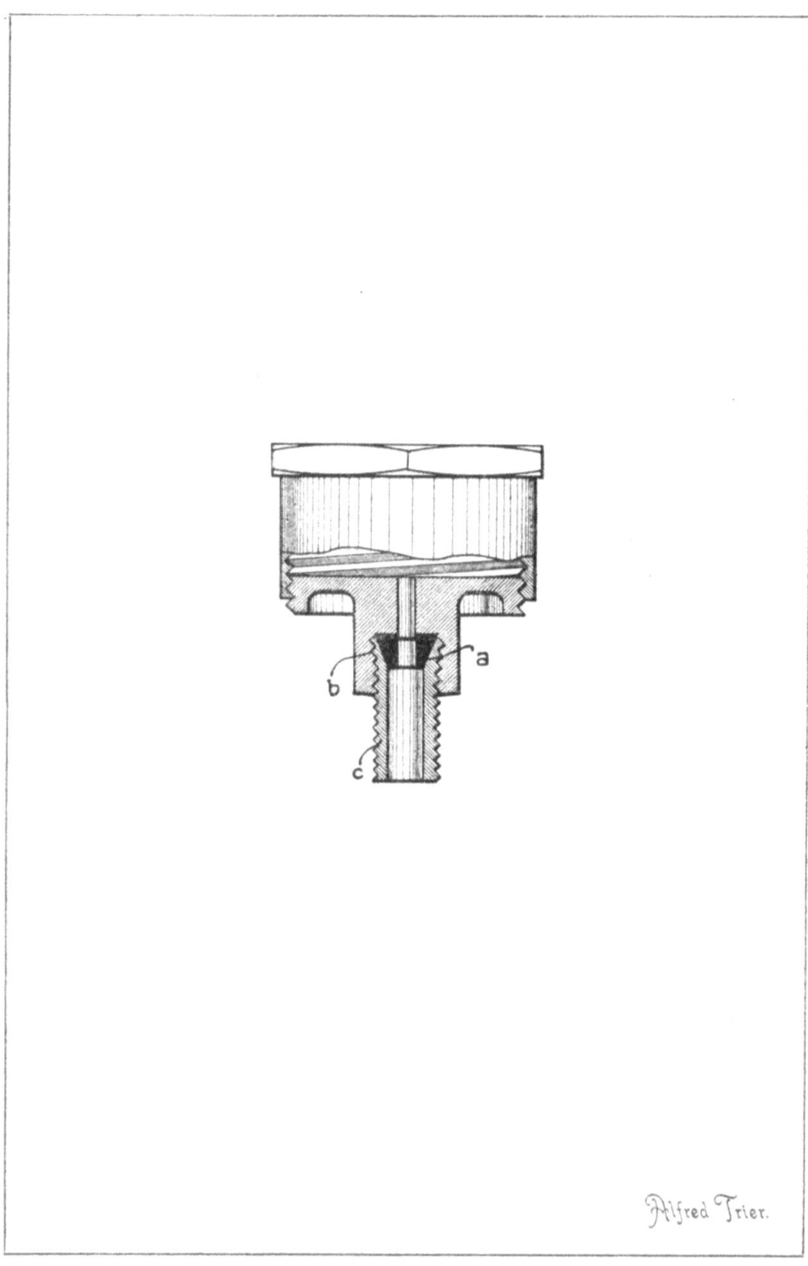

Fig. 122.

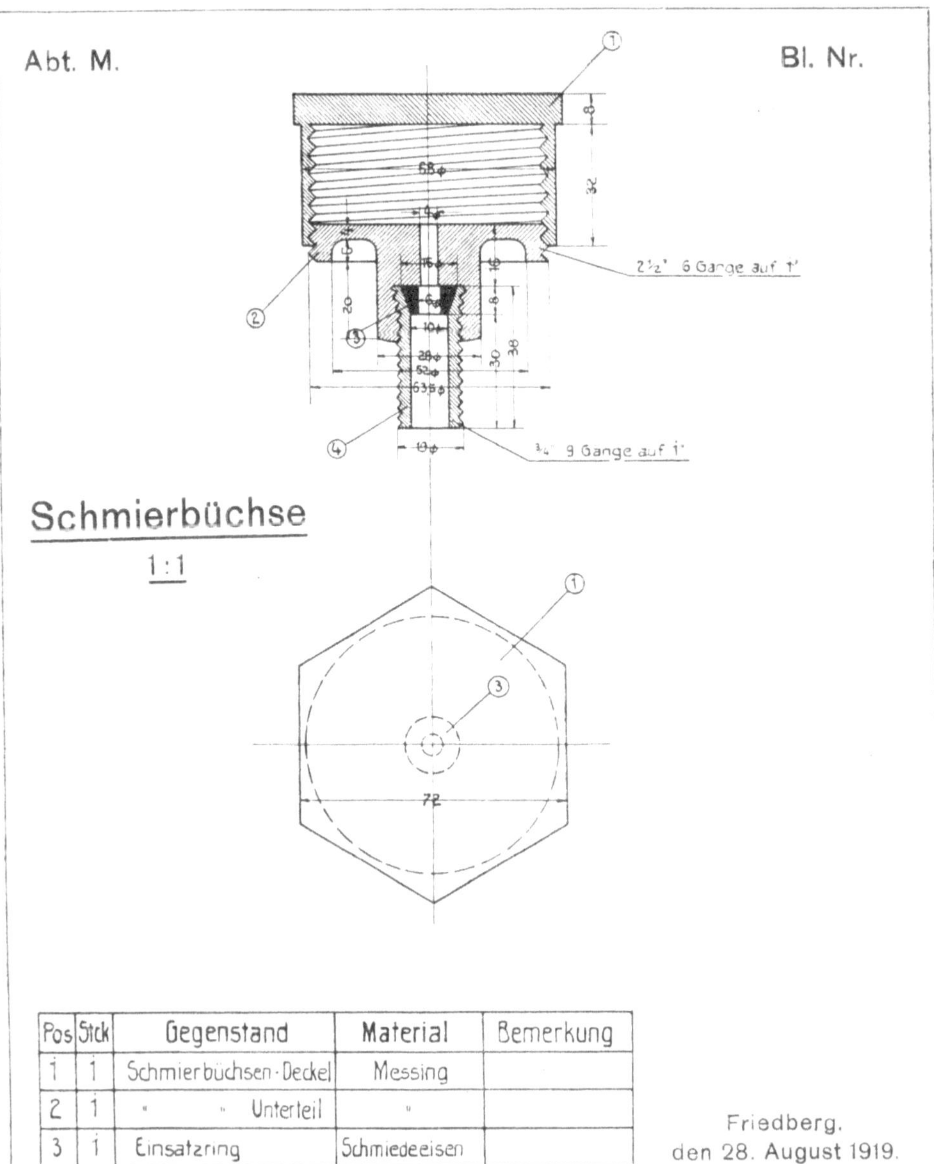

Pos	Stck	Gegenstand	Material	Bemerkung
1	1	Schmierbüchsen·Deckel	Messing	
2	1	" " Unterteil	"	
3	1	Einsatzring	Schmiedeeisen	
4	1	Rohrstück	Messing	

Friedberg.
den 28. August 1919.

Georg Kunze.

Fig. 122a.

Klischeezeichnungen.

Während die sachliche Durchbildung dieser zur Illustrierung von Katalogen, Prospektblättern od. dgl. bestimmten Zeichnungen sich natürlich wieder ganz danach zu richten hat, was — mit oder ohne begleitenden Text — dem Empfänger gesagt bzw. gezeigt werden soll, ist die äußerliche Ausbildung abhängig von der für die Klischierung in der Regel gebotenen photographischen Aufnahme- und Verkleinerungsfähigkeit. Dies erfordert zunächst — wie bei der Patentzeichnung — die Anwendung nur tiefschwarzer Linien, schließt also auch für Querschnitte jede farbige Behandlung aus. Des weiteren erfordert dies wegen des meist recht beträchtlichen Verkleinerungsverhältnisses von Zeichnungs- und von Druckstockgröße die Vermeidung zu kleiner Einzelheiten, zu dünner und

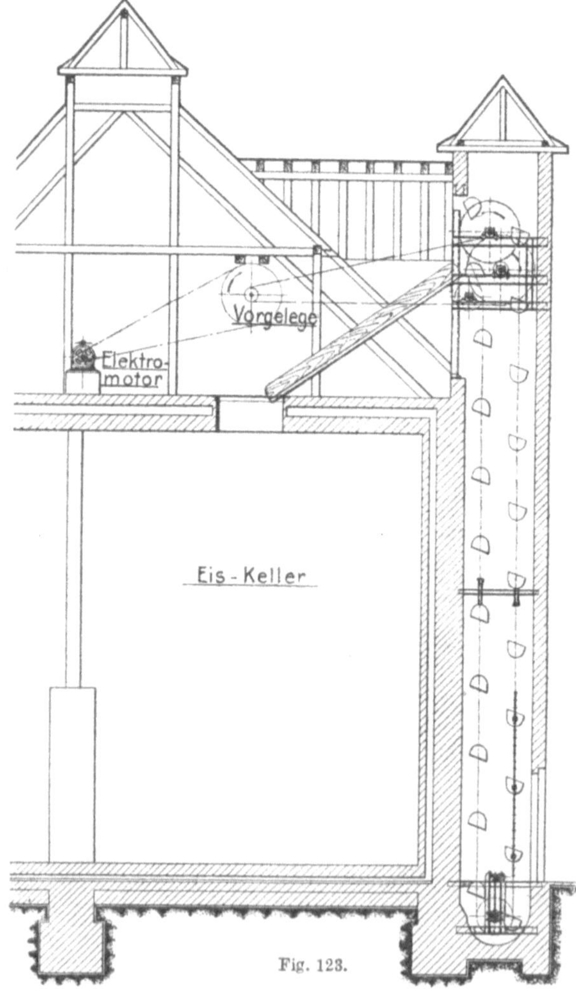

Fig. 123.

auch zu eng benachbarter Linien, sowie zu kleiner Beschriftung. Andernfalls werden solche Stellen im Abdruck nicht sauber, scharf abgegrenzt oder deutlich lesbar wiedergegeben. Und zwar um so weniger, je gröber das für den Abdruck zu verwendende Papier ist. Die Klischee-Strichzeichnungen sollen sich deshalb auf das für

das zu Sagende unbedingt Notwendige beschränken und dies mit
markigen, nicht zu dichten Strichen und mit großen, einfachen Schrift-

Fig. 124.

zeichen ausdrücken. Die der Fig. 123 zugrunde liegende Originalzeich-
nung dürfte (nach der schon kaum deutlichen Wiedergabe der Lager
und der Ketten-Doppellinien zu
schließen) die untere Grenze des Zu-
lässigen für die gewählte Klischee-
größe bereits überschritten haben.

Da derartige Druckillustrationen
sich gleichfalls häufig an Laien wen-
den oder das Dargestellte doch nur
in seinem Gesamteindruck wiedergeben wollen, so hat sich an Stelle
der normalen technischen Zeichnung aus den genannten Gründen
auch die Verwendung möglichst

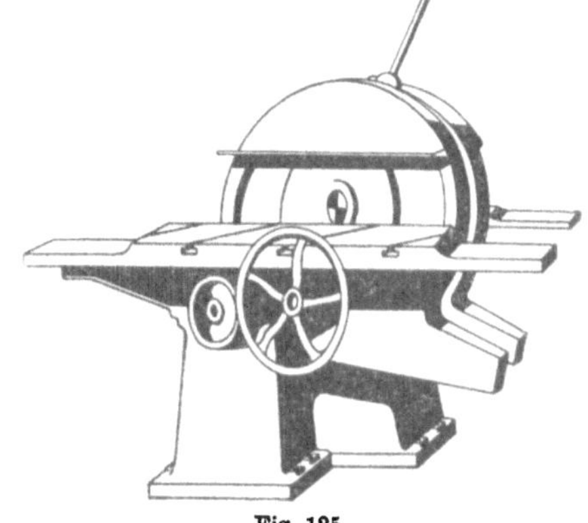

Fig. 125.

wuchtig gehaltener perspektivischer Vorlagenbilder nach Fig. 124 und
noch mehr nach Fig. 125 in zunehmendem Maße eingebürgert.

Die kraftvolle Eigenart beruht, besonders bei den Wiedergaben der letzten Art, darin, daß der Eindruck der Gestalt und Plastik der Körper nur durch die stark beschatteten Flächen unter Weglassung aller weichlichen Übergänge bewirkt wird. Die scharfbegrenzten Schattenflächen ermöglichen aber auch einen stets scharfen Abdruck und lassen das Gesamtbild entsprechend deutlich, ja fast monumental erscheinen.

Das Skizzieren von Maschinen(-teilen).

Für das Maschinenzeichnen, soweit hierunter die Herstellung der für die Werkstattausführung unmittelbar dienenden Zeichnungen verstanden wird, kommt das Skizzieren von Maschinen oder Teilen derselben als vorbereitende Tätigkeit in Betracht. Es handelt sich dabei um ein vorläufiges Zupapierbringen körperlicher technischer Gebilde — um sog. Aufnahmeskizzen — zu dem Zwecke, damit die Grundlage für die Anfertigung der eigentlichen Maschinenzeichnungen gemäß den eingehend behandelten Rücksichten zu schaffen. Damit dieser Zweck erfüllt wird, müssen die Aufnahmeskizzen — im Gegensatz zu den Erläuterungsskizzen, die etwas näher zu Beschreibendes durch das Bild nur allgemein verständlicher machen sollen — den sachlichen Anforderungen der Werkzeichnungen nach Vollständigkeit und selbstverständlich auch nach Richtigkeit in bezug auf Gestalt und Abmessung gleichfalls genügen. Inhaltlich muß also die Aufnahmeskizze den gleichen hohen Ansprüchen gerecht werden, die an die endgültige Maschinenzeichnung zu stellen sind: Es darf an keiner Stelle ein Zweifel über die Form oder über die Größe oder über das Material des dargestellten Gegenstandes aufkommen können. Nur äußerlich darf die Skizze als skizzenhafte Darstellung in landläufigem Sinne sich kennzeichnen: sie kann als freihändige Aufzeichnung die strenge Sorgfalt peinlich-genauer Linienführung entbehren, sie kann Abweichungen von der grundsätzlichen Anordnungsweise der einzelnen Figuren zueinander aufweisen u. dgl. m. Nur müßte, wie gesagt, gegebenenfalls der Gegenstand auch nach der Skizze allein, d. h. ohne daß danach erst die formvollendete Werkzeichnung angefertigt würde, vollkommen richtig hergestellt werden können. Besonders zu beachten ist deshalb beim skizzierenden Aufnehmen von Maschinenteilen, daß eine genügende Zahl von Ansichten und Schnitten den Formverlauf der Teile zweifelfrei wiedergibt und daß sämtliche

Maße für ein klares und widerspruchloses Erkennen aller Größen-verhältnisse vorhanden sind.

Zur Erfüllung dieser Forderungen kann dem Anfänger im Skizzieren — beispielsweise den Schülern technischer Lehranstalten, bei denen das Skizzieren von Modellen in der Regel die Ausgangstätigkeit für das eigentliche Maschinenzeichnen bildet — folgendes Vorgehen als Richtschnur empfohlen werden:

Nach Feststellung der den Ausgangspunkt bildenden Hauptan-sicht des aufzunehmenden Gegenstandes, d. i. der die charakteristische Form wiedergebenden Figur (z. B. bei einem lager- oder bei einem radartigen Gegenstand die Ansicht in Richtung der Wellenachse, bei stabförmigen oder langgeformten Körpern die Ansicht senkrecht zur Längsachse) wird diese Haupt- bzw. Ausgangsfigur — gleich-gültig, ob sie nach dem früher Gesagten (S. 26) eine „Ansicht" oder ein „Schnitt" werden soll — in senkrechter Projektion aufskizziert, d. h. ohne Zuhilfenahme von Lineal oder Zirkel mit freier Hand zu Papier gebracht. Dabei sollen zuerst die Achsen (S. 18) gezeichnet und dann gewissermaßen um dieses Gerippe herum der Körper selbst im Bilde aufgebaut werden. Auf diese Weise wird die den meisten Körpern eigentümliche symmetrische Gestaltung sicherer innegehalten, als dies bei planlosem Aufzeichnen der Körperform ohne einen der-artigen Anhalt, wie es das Achsengerippe bietet, möglich ist. Hat man es mit einem Hohlkörper zu tun, so wird die Ausgangsfigur zweck-mäßig gleich als Schnitt behandelt, der je nach Beschaffenheit des Körpers ganz oder teilweise, in der Regel jedoch durch dessen Mitte, durchgeführt wird. Bei symmetrischen Hohlgebilden (z. B. Lagern) wird mit Vorteil oft die eine Hälfte als Schnitt, die andere als An-sicht (Aufriß) behandelt, wodurch bei gewöhnlich geringerem zeich-nerischen Aufwand unter Umständen eine weitere Figur erspart wird, wenn auch meist auf Kosten leichter Vorstellung und be-quemen Maßeinschreibens (vgl. Fig. 126).

Ist die Ausgangsfigur auf diese Weise festgelegt, so sind die zum Erkennen der noch fehlenden Abmessungen erforderlichen weiteren Figuren zu zeichnen. Gewöhnlich wird dies ein zur Ausgangsfigur senkrechter Vertikalschnitt bzw. -ansicht (Seitenriß) oder Horizontal-schnitt bzw. -ansicht (Grundriß, Ansicht von oben — sog. Drauf-sicht — oder von unten) sein. Nötigenfalls sind noch Einzelheiten herauszuzeichnen oder durch Teilprojektionen kenntlich zu machen.

Durch Beschränkung auf solche Teilansichten — durch die eben nur ein (kleiner) Teil des ganzen Gegenstandes, der noch einer

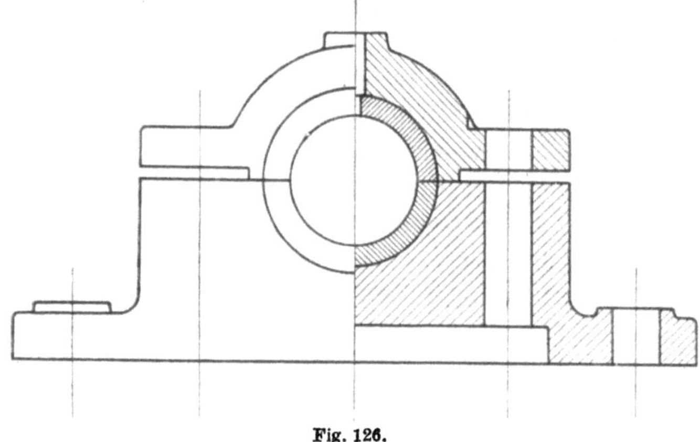

Fig. 126.

aufklärenden Darstellung bedarf, herausgezeichnet wird (Fig. 127 u. 128) — läßt sich begreiflicher Weise oft viel Arbeit und Platz sparen. Bei Flanschen oder Deckeln, bei denen es sich dabei meistens nur um die Angabe des Lochkreisdurchmessers und der

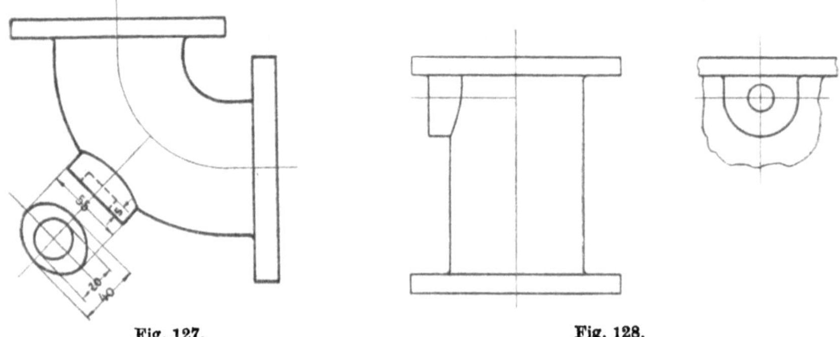

Fig. 127.   Fig. 128.

Lochanordnung handelt, kann man in vereinfachender Weise nach Fig. 129 oder, bei Platzmangel selbst für den halben Flansch, mit Einklappung dessen Projektion nach Fig. 130 verfahren. Den besonderen Querschnittverlauf einzelner Teile — z. B. Radarme, Lagerkonsolen, Säulen, Lasthaken — kann man der Einfachheit und Platzersparnis halber gleich an der betr. Schnittstelle in die Zeichenebene klappen, wobei dann (nach dem auf S. 17 Gesagten) deren Begrenzungslinien, zur Unterscheidung von den in jener Lage wirk-

lich vorhandenen Konstruktionslinien, nur zu punktieren oder dünn
auszuziehen sind (Fig. 131). Die Anordnung der einzelnen Figuren ist
im übrigen auch bei der Skizze natürlich tunlichst nach den früher an-

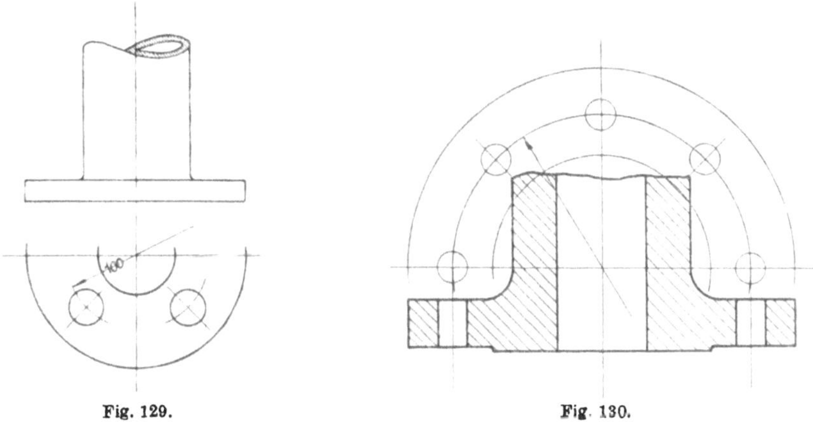

Fig. 129.   Fig. 130.

gegebenen Gesichtspunkten vorzunehmen (vgl. S. 15); andernfalls
ist deren Bedeutung durch schriftliche Zusätze klarzustellen.

Der Anfänger begeht oft in dem
Bestreben, gerade recht sorgfältig
beim Skizzieren zu verfahren, den
Fehler, daß er den Gegenstand durch
unnötig viele Figuren — mit Vorliebe Ansichten! — aufnimmt. Wenn
auch ein Zuviel hier immerhin besser
ist als ein Zuwenig, so verstößt dieses
Verfahren durch seinen überflüssigen
Aufwand an Zeit und Material natürlich gegen den Grundsatz des rationellen Maschinenzeichnens (vgl. S. 11);
die Fig. 132a und 132 geben ein einfaches Beispiel dafür.

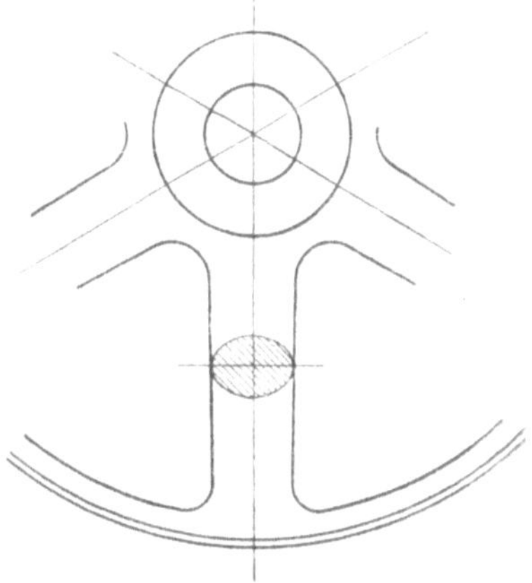

Fig. 131.

Erst nachdem der zu skizzierende Gegenstand mit allen als wirklich notwendig erkannten Ansichten, Schnitten und Teilfiguren aufgezeichnet ist, nachdem also der gesamte Körperverlauf zeichnerisch
vollständig festgelegt ist, erst dann soll mit der schriftlichen
Dimensionierung begonnen werden. Gegen diesen Grundsatz verstößt
der Anfänger mit Vorliebe: er fängt, nachdem er kaum eine Figur

5*

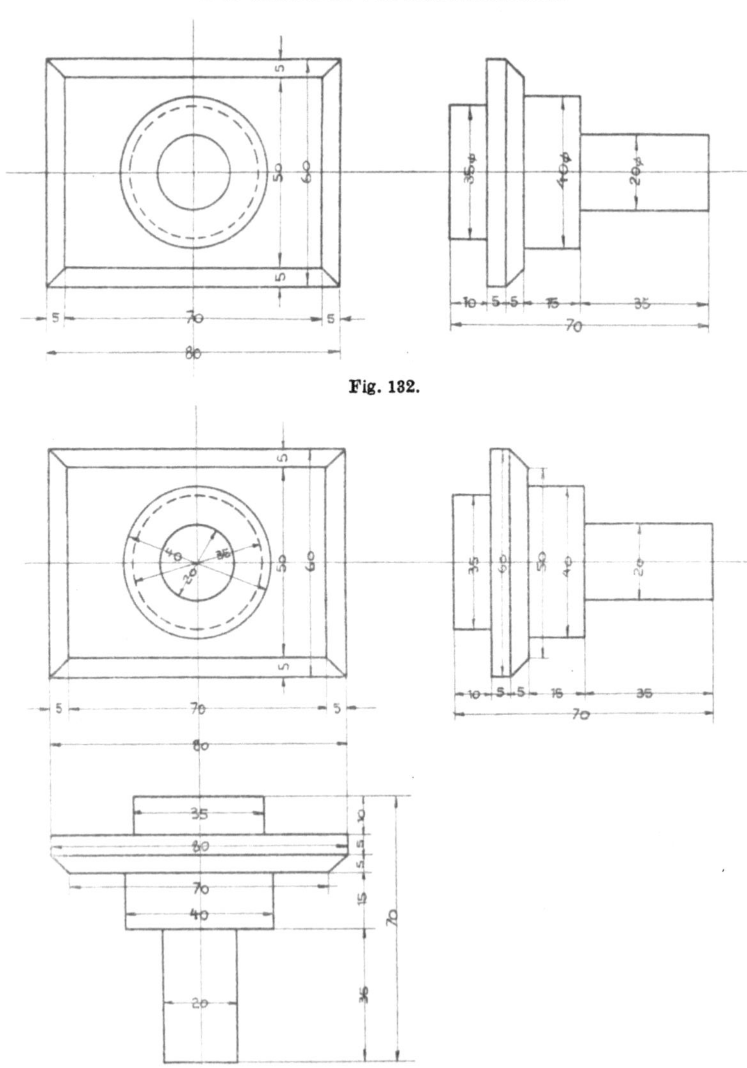

Fig. 132.

Fig. 132a.

oder gar einen Teil derselben zu Papier gebracht hat, sofort mit dem Abmessen und Maßeinschreiben in diese an; nach Aufzeichnung einer weiteren Figur wird diese wieder mit Maßen versehen usf. Ein solches Verfahren ist grundsätzlich falsch. Denn durch solch zusammenhangloses Beschreiben der Figuren mit allen möglichen Maßen entstehen bei letzteren erfahrungsgemäß leicht Fehler und Widersprüche oder zum mindesten unnötige Wiederholungen. Alle diese Verstöße lassen sich indes ohne weiteres vermeiden, wenn das Maßeintragen

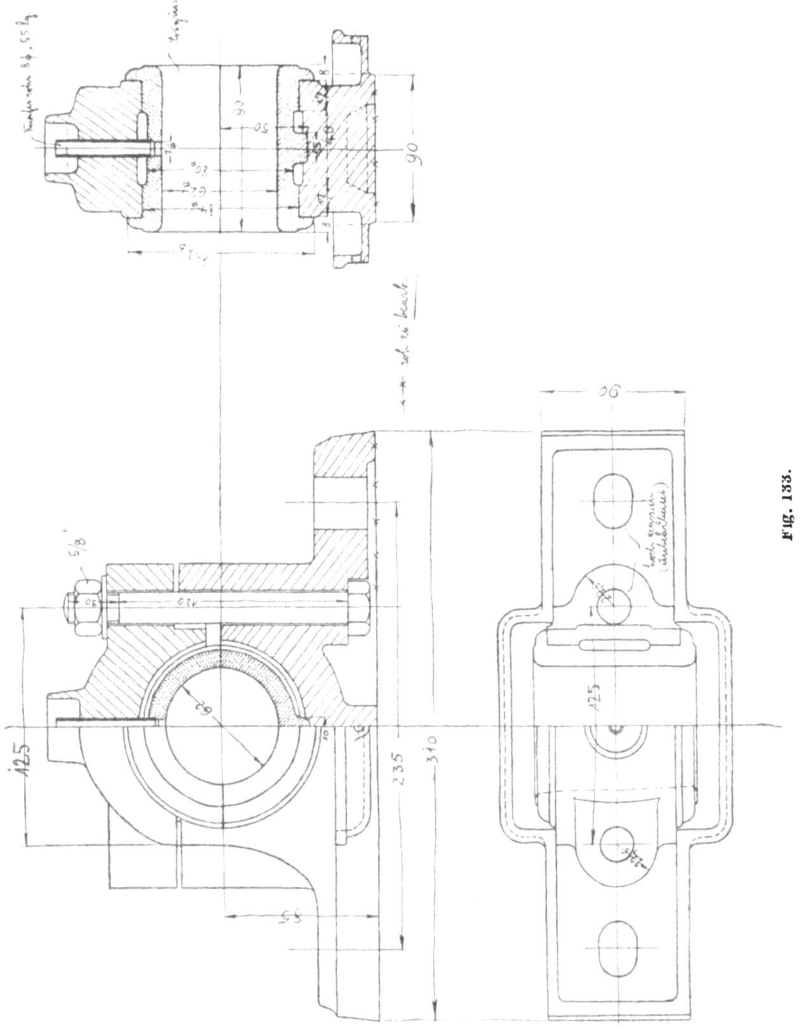

Fig. 133.

systematisch, d. i. in allen Figuren gleichzeitig, d. h. unmittelbar hintereinander und in folgender Art vorgenommen wird: Zunächst werden die Hauptabmessungen in sämtlichen Figuren, soweit sie natürlich in ihnen erscheinen, mit Maßen versehen, z. B. bei Lagern

die Bohrung, Breite und Höhe, bei Rädern oder Scheiben den äußeren
Durchmesser und die Breite des Kranzes sowie die Nabenbohrung

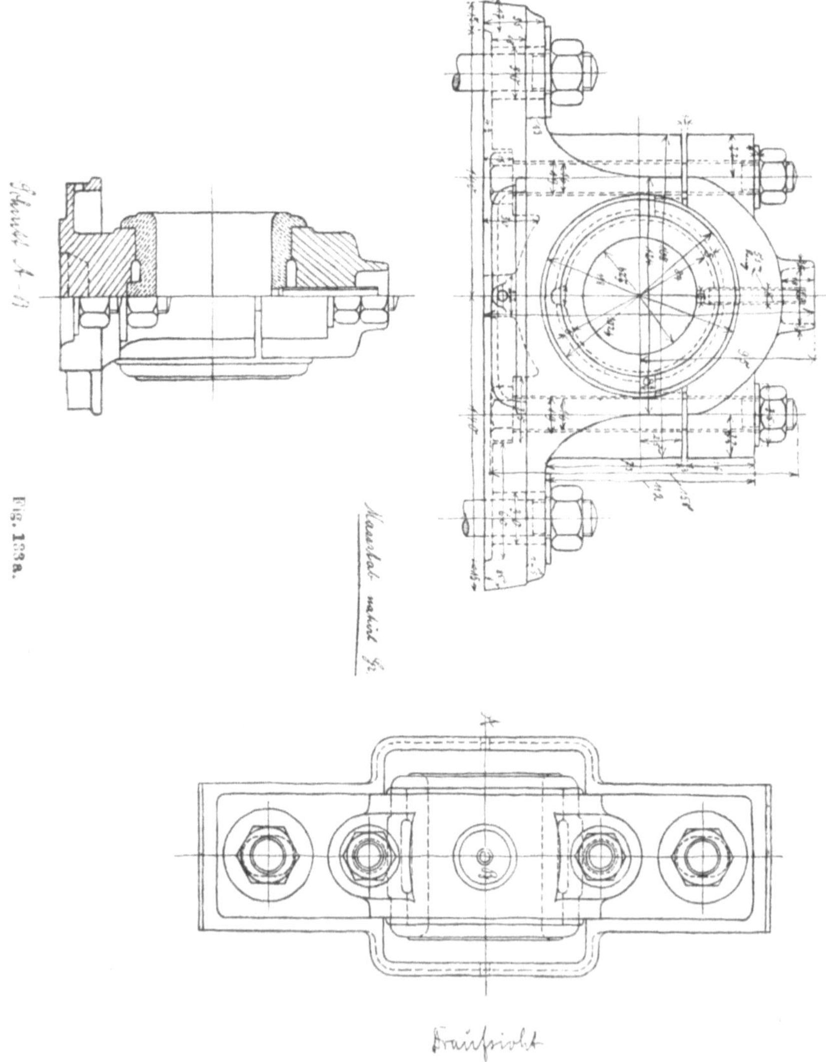

und -breite, bei Exzentern die Exzentrizität, bei einzubauenden
Körpern — wie Ventilen, Absperrschiebern oder -hähnen, Form-
stücken, Grundplatten, Führungschuhen u. dgl. — die Außenab-
messungen als sog. Baulänge, -breite oder -höhe; bei entsprechenden

Teilen — etwa gleichartigen Einzelelementen, als Schrauben bei Lagern, Zapfenlagern bei Schubstangen, Ständern bei Ventilen u. dgl. m. oder gleichartigen zusammengesetzten Teilen, als Zylinder einer kombinierten Anlage, Lager, Scheiben oder Räder einer Wellenleitung u. dgl. m. — die Entfernungen von Mitte zu Mitte dieser Teile. Dann werden die weiteren Abmessungen der einzelnen Teile vorgenommen und eingetragen und zwar für jeden Teil in allen ihn wiedergebenden Figuren hintereinander. Das in Fig. 133 gewählte Beispiel einer Aufnahmeskizze soll außer anderem auch die grundsätzliche Art solchen Maßeintragens erkennen lassen; die Fig. 133a zeigt dagegen die Skizze desselben Gegenstandes in einer zweckwidrigen, z. T. sinnlosen Ausführung namentlich auch in Bezug auf das Maßeinschreiben.

Um auch äußerlich gute Handskizzen zu erhalten, die auch in bezug auf die Maße genügend übersichtlich sein sollen, ist dabei die grundsätzliche Beachtung auch des auf S. 19 über Maßlinien und -zahlen Gesagten zu empfehlen.

Sachregister.

SPRINGER-VERLAG BERLIN HEIDELBERG GMBH

Die Materialbewegung in chemisch-technischen Betrieben

Von Dipl.-Ing. C. Michenfelder

Mit 261 Abbildungen im Text und auf 33 Tafeln
Geheftet 13 Mark, gebunden 17 Mark

Buhle in Zeitschrift des Vereins deutscher Ingenieure: Für die Einteilung ist in erster Linie das Bestreben maßgebend gewesen, für die Lösung der verschiedenartigen Aufgaben, vor die chemisch-technische Betriebe in bezug auf die Massenbewegung gestellt werden, kurze Anleitungen und zweckentsprechende Beispiele zu geben. Unter Berücksichtigung der Hauptbestimmung des Buches, den vor der Anlage von Bewegungseinrichtungen stehenden Betrieben die zur Beurteilung der verschiedenen Ausführungsmöglichkeiten erforderlichen Kenntnisse zu vermitteln, ist auf bauliche Einzelheiten — zugunsten einer umfassenden Behandlung ganzer Anlagen — nur so weit eingegangen, als deren vorherige Beachtung unerläßlich erschien im Hinblick auf eine spätere einwandfreie Benutzung der Anlage. — Zahlreiche neuere Zeitschriften- und Patentschriftenhinweise dürften die bei guter Raumbeschränkung unvermeidlichen Lücken in völlig ausreichender Weise ausfüllen, und die im Anschluß an jede Fördergruppe wiedergegebenen Ansprüche der in den letzten Jahren auf dem betreffenden Gebiete erteilten wesentlichen Patente lassen — eben durch die darin ausgedrückten Vervollkommnungsbestrebungen — gleichzeitig erkennen, was in den entsprechenden Industriezweigen bis zuletzt noch als verbesserungsbedürftig oder erstrebenswert befunden worden ist. — Im übrigen wird dem vornehm ausgestatteten Werk, das der deutschen Industrie, dem Verfasser und auch dem Verlage in gleichem Maße zur Ehre gereicht, die wohlverdiente Anerkennung durch Verbreitung in weiten Kreisen nicht fehlen.

Technische Rundschau: Dieses Buch stellt eine umfassende Übersicht über das Gebiet der Massengutbewegung dar, das in der hier vorliegenden Art der Bearbeitung insofern sich von anderen Werken unterscheidet, als es dem Ingenieur und dem Fabrikbesitzer an der Hand ausgewählter Beispiele zeigt, in welcher Weise der Materialtransport verbilligt und vereinfacht werden kann. Besonders wertvoll sind die jedem Abschnitt beigegebenen zahlreichen Literaturnachweise und die Übersichten über die einschlägige Patentliteratur. Das Buch kann jedem, der mit der Bewegung von Massengütern zu tun hat, aufs wärmste empfohlen werden.